高等学校计算机专业教材精选·计算机原理

计算机系统结构
（第2版）

李文兵 编著

清华大学出版社
北京

内 容 简 介

本教材是计算机专业课程"计算机系统结构"的配套教材。全书围绕如何提高计算机系统性能这一主线,从处理器、存储系统、I/O系统和并行处理系统4个方面,分为15章进行讲解。第1章给出了计算机系统结构的概念和计算机系统性能的定量分析和测试方法。第2章~第6章介绍提高处理器性能的指令系统优化编码方法、流水线技术和向量处理机。第7章、第8章介绍了I/O系统及提高其性能的技术。第9章和第10章介绍了存储系统及提高其性能的各种技术。第11章~第13章介绍了互连函数、互连网络及消息传递机制,分析了消息传递机制的方法和寻径算法。第14章和第15章介绍了多处理器系统和多计算机系统这两个并行处理系统,说明了它们的硬件系统结构和执行软件的设计。

本教材章节篇幅较小,便于教学,适应各种学时安排;本教材所涉及的许多问题,有作者自己的理解或见解;文笔言简意赅,图文共茂,可读性好。

本教材适宜作为计算机或相关专业本科或硕士研究生教材,也可供有关工程技术人员学习参考。

图书在版编目(CIP)数据

计算机系统结构/李文兵编著. —2版. —北京:清华大学出版社,2011.10
(高等学校计算机专业教材精选·计算机原理)
ISBN 978-7-302-25843-8

Ⅰ.①计…　Ⅱ.①李…　Ⅲ.①计算机体系结构-高等学校-教材　Ⅳ.①TP303

中国版本图书馆CIP数据核字(2011)第113528号

责任编辑:汪汉友　薛　阳
责任校对:焦丽丽
责任印制:何　芊

出版发行:清华大学出版社　　　　　　　　　地　　　址:北京清华大学学研大厦A座
　　　　　http://www.tup.com.cn　　　　　　邮　　　编:100084
　　社　　总　　机:010-62770175　　　　　　邮　　购:010-62786544
　　投稿与读者服务:010-62795954,jsjjc@tup.tsinghua.edu.cn
　　质　量　反　馈:010-62772015,zhiliang@tup.tsinghua.edu.cn
印　装　者:北京市清华园胶印厂
经　　销:全国新华书店
开　　本:185×260　　　印　　张:13.75　　　字　　数:337千字
版　　次:2011年10月第2版　　　印　　次:2011年10月第1次印刷
印　　数:1~4000
定　　价:23.00元

产品编号:040449-01

出 版 说 明

我国高等学校计算机教育近年来迅猛发展,活学活用计算机知识解决实际问题,已经成为当代大学生的必备能力。

时代的进步与社会的发展对高等学校计算机教育的质量提出了更高、更新的要求。现在,很多高等学校都在积极探索符合自身特点的教学模式,涌现出一大批非常优秀的精品课程。

为了适应社会的需求,满足计算机教育的发展需要,清华大学出版社在进行了大量调查研究的基础上,组织编写了《高等学校计算机专业教材精选》。本套教材是清华大学出版社从全国各高校的优秀计算机教材中精挑细选的一批很有代表性且特色鲜明的计算机精品教材,把作者们对各自所授计算机课程的独特理解和先进经验推荐给全国师生。

本系列教材特点如下:

(1) 编写目的明确。本套教材主要面向广大高校的计算机专业学生,使学生通过本套教材,学习计算机科学与技术方面的基本理论和基本知识,接受应用计算机解决实际问题的基本训练。

(2) 注重编写理念。本套教材作者全部为各校相应课程的主讲,有一定经验积累,且编写思路清晰,有独特的教学思路和指导思想,其教学经验具有推广价值。本套教材中不乏各类精品课配套教材,并力图努力把不同学校的教学特点反映到每本教材中。

(3) 理论知识与实践相结合。本套教材贯彻从实践中来到实践中去的原则,书中的许多必须掌握的理论都将结合实例来讲,同时注重培养学生分析、解决问题的能力,满足社会用人要求。

(4) 易教易用,合理适当。本套教材编写时注意结合教学实际的课时数,把握教材的篇幅。同时,对一些知识点按教育部教学指导委员会的最新精神进行合理取舍与难易控制。

(5) 注重教材的立体化配套。大多数教材都将配套教师用课件、习题及其解答,学生上机实验指导、教学网站等辅助教学资源,方便教学。

随着本套教材陆续出版,相信能够得到广大读者的认可和支持,为我国计算机教材建设及计算机教学水平的提高,为计算机教育事业的发展做出应有的贡献。

我们的电子邮件地址是 wanghanyou@tup. tsinghua. edu. cn;联系人:汪汉友。

清华大学出版社

第 2 版前言

《计算机系统结构(第 2 版)》与广大读者见面了。

该版在原版的基础上,增加了 I/O 系统和存储系统两个方面的内容,即第 7 章至第 10 章。为保持原版的模块串接的风格,I/O 系统内容分为第 7 章和第 8 章,存储系统内容分为第 9 章和第 10 章。同时去掉了已经过时的第 1 版中的第 10 章(陈列处理机系统)。这样全书就由 15 章构成。这 15 章系统完整地介绍了计算机系统结构这门课所要讲授的内容,全面地反映了现代计算机系统的发展成果。

作者对计算机系统结构中的一些问题有自己的理解或见解,且用自己的语言去表述。这些问题包括对计算机系统结构术语和计算机系统结构这门课性质的理解;用图表法构造哈夫曼树的方法以及对 PDP-11 整个指令系统的分析;对流水线概念的表述及其结构和性能的分析;多功能非线性流水线表示及其无冲突调度的步骤、有关术语和状态变换图的理解和表述;互连函数的分析方法以及对互连代数的理解;Omega 互连网络阻塞原因分析及解决方法;对多处理器系统 cache 不一致原因的分析及维护 cache 一致性协议的理解;多计算机系统的构成及其软件方案等。希望这些内容有助于读者理解和掌握相关问题。

本书的章节组织与课堂教学安排相一致,文字言简意赅与教学用语相吻合,书中文图并茂,语言通俗习懂,可读性好,适宜作教学用书。

参加本书修订再版工作的还有王颖、王玉华、李鸿桐、黄硕之、李海迎、贾雯、李海恩、李洪等人。

感谢清华大学出版社对这次修订再版工作所给予的大力支持与帮助。

李文兵

2011 年 5 月

第 1 版前言

《计算机系统结构》终于与广大读者见面了。

本书由作者讲授"计算机系统结构"课程的教案编写而成,是长期教授这门课的积淀,是学习与研究先进计算机系统的心得,是搞科研项目的体验。希望本书能受到大家的欢迎。

本书的特点是精、顺、透。

"精"是对内容进行了精选。首先,去掉了在前序课"计算机组成原理"中已较为详尽介绍的存储器系统和 I/O 系统两部分内容,其余的内容被归纳为 12 章,力求突出重点,把问题讲清讲透,不求面面俱到。此外,充分利用图与表,文风追求言简意赅。

"顺"是指本书在体现该课程体系和内容的基础上,各章的内容安排、前后衔接力求做到顺当流畅。这表现在,在内容安排上前为后所用,后用前所有;12 章内容由一条主线贯穿,这就是性能。粗略地说,前 6 章主要介绍时间并行技术,后 6 章主要介绍空间并行,但不管哪项技术都是为了提高计算机系统的性能,每章也都是围绕这条主线展开来讲解的。

"透"就是问题讲得透。作者对这门课所涉及的问题做了较为深入的研究,因此,能把这些问题讲得较为清楚明白,也使得本书有较好的可读性。就在写这个前言时,这些问题仍不断地浮现在作者的脑海里,诸如指令系统的优化设计、多功能非线性流水线的无冲突调度、互连函数与互连代数、互连网络的阻塞、多处理器系统中的 cache 一致性等问题。相信读者在读本书时,对这些问题的认识会有所提高,有所收获。

欢迎广大师生将本书选做教材。使用时,建议根据学员的基础与学时计划,每章用 2～4 个学时,总学时数可控制在 30～50 之间。

"计算机系统结构"是一门专业性很强的课程,加之计算机系统及其技术发展又很快,12 章内容只是作者的认识和理解,限于水平,缺点和错误在所难免,欢迎广大读者提出宝贵意见和建议。

参与本书编写工作的还有张景辉、李春华、王玉华、李海迎、黄硕之、贾雯和李海恩等同志。他们对本书的编写都做了一定的工作,在此向他们表示谢意。

作者与清华大学出版社有着长期的良好的合作关系,在出版、发行过程中的各个环节上,包括本书的编写与出版,一直得到清华大学出版社的大力支持与帮助。借此机会向清华大学出版社领导及有关的全体人员表示衷心的感谢。

李文兵

2008 年 5 月

目　　录

第1章 绪 论

作为本书的开篇,本章介绍了计算机系统与计算机系统结构的概念,明确计算机系统结构这门课要学习和研究的问题。

1.1 计算机系统

1. 计算机系统的组成

计算机系统由硬件(hard ware)和软件(soft ware)组成。

(1) 硬件 硬件是指计算机系统中的实际装置,包括中央处理器(central processing unit,CPU)、存储器(memory)、外部设备(external devices),以及通道(channel)、总线(bus)等。存储器又分为用来存放正在运行的程序和数据的主存储器(简称主存)和存有大量备用的软件和数据的辅助存储器(简称辅存)。中央处理器与主存合称为主机。

(2) 软件 软件是程序及其文档的总称。文档即硬件和程序的有关资料。计算机系统的软件一般认为包括以下几种。

① 系统软件 系统软件是指操作系统、编辑程序、编译系统和诊断程序等软件。

② 计算机语言 计算机语言分为以下 3 种。

• 高级语言 Fortran、Pascal、Basic 和 Foxpro 等都是高级语言。

• 低级语言 低级语言是指机器语言(指令系统)和汇编语言。

• 中级语言 有人把 C 语言称为中级语言。

③ 应用程序 应用程序是指用户或软件公司用计算机语言所编写的实际应用程序。

2. 计算机系统的层次结构

计算机系统的层次结构,如图 1.1 所示,其中裸机就是指计算机系统中的硬件。

从该层次图应了解到如下两点。

① 指令系统(instruction set)是裸机与软件的接口。计算机硬件(裸机)是根据指令系统设计出来的,因此计算机硬件收到指令系统中的某条指令,就能把这条指令变成实现该指令功能的信号,从而实现该指令的功能。所有软件的功能,都是通过指令系统实现的,也因为如此,人们把用指令的二进制编码所编写的程序称为目标程序。这就是说,所有软件都必须变成目标程序,才能被计算机硬件所识别。

② 操作系统是人机接口。汇编程序、编译程序、编辑程序等都必须在操作系统上才能工作。因此,称操作系统是计算机系统的操作平台。在这个平台上,用户可以使用编辑程序,根据某种语言的语法,编写该语言的应用程序,这样的程序叫源程序。源程序经汇编程序或相应的编译程序翻译(translate),变成对应的目标程序后,再用链接程序把目标程序与相关信息链接在一起,就变成了可执行程序。

图 1.1 计算机系统的层次结构

3. 计算机系统的分类

关于计算机系统的分类方法,目前使用较多的是弗林(Michael J. Flynn)提出的方法。

1966 年,弗林提出指令流(instruction stream)和数据流(data stream)的多倍性(multiplicity)概念,并依此把计算机系统分为 4 类。

① 单指令流单数据流(single instruction stream single data stream,SISD)系统。

② 单指令流多数据流(single instruction stream multiple data stream,SIMD)系统。

③ 多指令流单数据流(multiple instruction stream single data stream,MISD)系统。

④ 多指令流多数据流(multiple instruction stream multiple data stream,MIMD)系统。

多倍性是指在系统性能瓶颈部件上,处于同一执行阶段的指令或数据的最大可能个数。由此而划分的这 4 类系统,如图 1.2 所示。图中 CU、PU、MU、MM、IS、DS、CS 和 SM 分别为控制部件、处理部件、存储部件、存储模块、指令流、数据流、控制流和共享存储器。

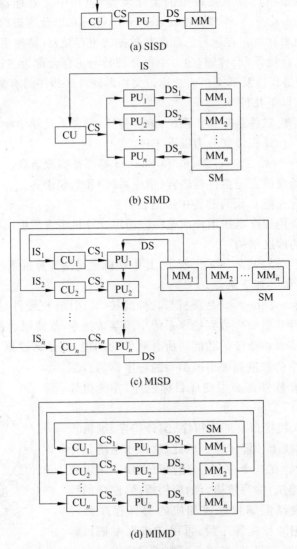

图 1.2　计算机系统的弗林分类法

1.2 计算机系统结构

1. 计算机系统结构(computer architecture)术语

(1) 从计算机系统的设计角度来看,计算机的一般设计过程如下:

① 确定计算机的功能、性能和价位;

② 设计指令系统;

③ 结构设计,包括存储系统、总线结构、I/O 系统,以及内部 CPU 结构等;

④ 硬件设计,主要是硬件逻辑设计及其芯片的封装技术。

站在计算机设计者的角度来看,计算机系统结构指的就是第②步要完成的任务,即指令集(instruction set)的系统结构,这是计算机软件与硬件的界面。关于这一看法,在美国斯坦福大学教授 John L. Hennessy 与加州大学伯克利分校教授 David A. Patterson 合著的 *Computer Architecture*: *a quantitative approach* 一书的第 3 版中写道,计算机系统结构这一术语通常仅指指令集设计。又说,指令系统结构是指实际程序员所见的指令集,这一指令集的系统结构担当着软件与硬件之间的界面。

(2) 从计算机系统的应用角度来看,这里有必要再强调一下,计算机系统结构指的是机器语言级的程序员所看到的计算机属性,即概念性结构与功能特性。

这里,实际上是强调了以下两点。

① 不同级别的程序员所看到的计算机系统将具有不同的属性。例如,高级程序员看 NOVA 机(双总线结构)和 PDP-11 机(单总线结构)几乎没有什么差别,具有相同的属性,而它们的差别是看不出来的。这时,NOVA 机与 PDP-11 机的差别,对于高级程序员来说具有透明性(transparency)。透明性是计算机学科中一个重要概念,是指本来存在的事物或属性,如果从某个角度去看,好像不存在,就称之为透明。同样是 NOVA 与 PDP-11 这两种机型,让机器语言级程序员去看,属性却不同,这主要表现在指令系统及其相关的寄存器结构上。因此计算机系统结构强调的是,机器语言级程序员所看见的计算机属性。应该认为,Hennessy 与 Patterson 在定义计算机系统结构时所说的实际程序员指的就是机器语言级程序员。

② 与从计算机系统设计者的角度相比,这里强调的是功能性结构,是从机器语言级程序员角度所看到的计算机软件与硬件交界面的结构。这实际上还是指指令系统及其相关的功能结构。

总之,无论从哪个角度看,计算机系统结构这一术语是专指计算机系统中软件与硬件交界面的结构及其功能,它所指的这一结构层面属于硬件范畴。这样,对于计算机系统设计者来说,就要研究计算机软件与硬件的功能分配,并确定它们的界面,就是确定哪些功能由软件实现,哪些功能由硬件实现。硬件实现其功能是靠指令驱动的,而软件功能的实现,也要把软件编译为其所对应的指令序列,可见,软件与硬件之间的这个界面只能是指令系统结构,即计算机系统结构。因此可以说,计算机系统结构的设计,是计算机系统设计的关键环节。其设计追求的目标如下:

• 高性能/价格比;

• 大吞吐量;

- 低系统开销；
- 短作业运行时间。

对于机器语言级程序员来说，必须了解指令系统及其相关结构，因此，研究的内容应包括：

- 机器数表示；
- 处理器的寄存器组织；
- 存储系统；
- 机器级 I/O 结构，等等。

【例 1.1】 从机器语言程序员的角度看，下列哪些器件是透明的：通用寄存器、状态标志寄存器、指令寄存器、时序发生器、主存地址寄存器、移位寄存器、计数器、计时器和加法器。

解 从机器语言级程序员的角度看，所谓透明，就是这些器件与计算机系统结构这个层面无关。显然，这些器件是指令寄存器、时序发生器、主存地址寄存器、移位寄存器、计数器、计时器和加法器。

2. 计算机系统结构学科

计算机系统结构，也称计算机体系结构。在学科领域，"计算机系统结构"是一个学科，属计算机学科中的一个二级学科。

（1）计算机系统结构学科的知识体系。如图 1.3 所示，图中左边列出了计算机系统结构学科的知识结构，右边是知识所对应的课程设置。在我国，对应计算机系统结构学科，一般设置有 5 门课程。按内容衔接，它们的教学次序是"数字逻辑"、"计算机组成原理"、"汇编语言程序设计"、"接口与通信"、"计算机系统结构"。可以说，这 5 门课的内容，基本上覆盖了计算机系统结构学科的知识结构。

（2）"计算机系统结构"课与"计算机组成原理"课的关系与差别。"计算机系统结构"课是"计算机组成原理"课的教学深入与提高，两门课是前序课与后续课的关系。因此，这两门课所介绍的内容有很大的关联性，甚至出现内容重复。但毕竟是两门课，它们应各有侧重，作为后续课的"计算机系统结构"课（简称后课）应突出在内容深化、技术发展、定量分析，以及系统观点上。这两门课的差别如下：

① "计算机组成原理"课（简称前课）重在功能及原理的分析与设计；而后课侧重性能的评估与优化。因此，后课所讲的内容，多属于高性能计算机，诸如流水线技术、向量处理机、互连网络和多处理器系统。

② 前课讲的内容，一般是定性的；而后课强调定量分析。这样，后课的内容就涉及指令编码的优化技术、CPU、存储系统，以及 I/O 系

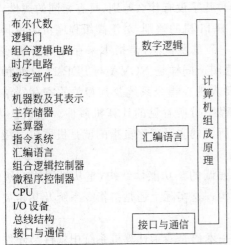

布尔代数
逻辑门
组合逻辑电路　　数字逻辑
时序电路
数字部件

机器数及其表示
主存储器
运算器
指令系统　　汇编语言
汇编语言
组合逻辑控制器
微程序控制器
CPU
I/O 设备
总线结构
接口与通信　　接口与通信

计算机组成原理

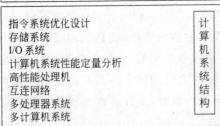

指令系统优化设计
存储系统
I/O 系统
计算机系统性能定量分析
高性能处理机
互连网络
多处理器系统
多计算机系统

计算机系统结构

图 1.3　计算机系统结构的知识
体系及其课程设置

统的性能定量计算与分析。

③ 前课主要是介绍计算机主机,及其功能部件的逻辑实现,涉及 I/O 设备及 I/O 方法;而后课着力培养学员的系统观点,比如分析计算机系统的性能,不仅要看 CPU 的性能,还应考虑到包括存储系统、I/O 系统在内的整个计算机系统的性能,这样才能知道计算机系统的真实性能。

本书的内容设置就是根据"计算机系统结构"的学科体系,以及认识规律而确定的,正如全书目录所示。笔者认为,这种安排是科学的;但并不认为是唯一的,因为课程设置及其内容安排是与教学资源及授受对象有很大关系的。实际上,从国外情况看,"计算机系统结构"学科的课程设置及内容安排的版本很多。这是很正常的,也是很好的现象。

1.3　计算机系统性能的定量分析与测试

1. 定量分析方法

计算机性能的衡量标准有运算速度、CPU 时间和执行时间等。这里只介绍这 3 种。

(1) 运算速度。一般来说,计算机性能越好,其运算速度就应越快。因此,人们很自然就用运算速度的快慢来衡量计算机性能的好坏。常见的运算速度的单位有如下两种。

① MIPS(million instruction per second,百万条指令每秒),人们把它作为衡量计算机运行快慢的一种标准单位,即 MIPS 值大的,就认为快;而小的,就认为慢。这样,比较计算机性能的问题,就变成了求计算机的 MIPS 值。对于给定的程序来说,如果知道其所含的指令条数(instruction count,IC)和执行时间(execution time,ET),那么,所对应的 MIPS 值为

$$MIPS = \frac{IC}{ET \times 10^6} = \frac{1}{\frac{ET}{IC} \times 10^6}$$

$$= \frac{1}{\text{平均每条指令的执行时间} \times 10^6} \tag{1.1}$$

一般计算机都给出其时钟周期(clock cycle)或时钟频率(clock rate),它们是互为倒数的关系,即

$$\text{时钟周期} = \frac{1}{\text{时钟频率}} \tag{1.2}$$

如果知道平均每条指令的时钟周期数(clock cycles per instruction,CPI),那么,平均每条指令的执行时间就可以表示为

$$\text{平均每条指令的执行时间} = \text{时钟周期} \times CPI = \frac{CPI}{\text{时钟频率}} \tag{1.3}$$

于是,MIPS 值公式也可以记作

$$MIPS = \frac{\text{时钟频率}}{CPI \times 10^6} \tag{1.4}$$

式(1.1)和式(1.4)使用起来都比较方便,其中式(1.4)更为简便。

【例 1.2】　某微处理器,其主频为 20MHz,若平均每条指令用 3 个机器周期时间,每个机器周期由两个时钟周期组成,请计算该处理器的平均运行速度。

解 依题给,已知

$$时钟频率 = 20MHz$$
$$CPI = 2 \times 3$$

故

$$MIPS = \frac{20 \times 10^6}{2 \times 3 \times 10^6} \approx 3.33$$

即该处理器的平均运行速度为每秒执行 3.33×10^6 条指令。

用 MIPS 表示机器性能的优点是比较符合常理,人们容易理解;缺点如下。

- 同一台计算机,运行不同的程序,一般来说,会有不同的 MIPS 值。
- 不同的计算机,指令系统不同,用 MIPS 值做比较,未必能说明问题。

② MFLOPS(million floatingpoint operations per second,百万条浮点操作每秒),也是一种常用的衡量计算机性能的标准单位。目前,高性能计算机一般用它来表示性能。MFLOPS 是基于浮点操作个数,而不是指令条数,它的值是由某个程序所含浮点操作的个数除以该程序的运行时间得到的。因此,MFLOPS 标准存在以下的问题。

- 因为执行时间是衡量机器性能的根本标准,从 MFLOPS 值的求法可知,求 MFLOPS 值没有必要。
- 不同的计算机,浮点指令集不同,操作类型也不相同,所以,MFLOPS 值并不能准确地反映机器性能。
- 单个程序的 MFLOPS 值并不能准确地反映一台计算机的性能。不同的程序,浮点操作与整数操作的比例不同,所用到的浮点操作的快慢也会不同,因此,所得出的 MFLOPS 值就会不同。一般厂商提供的 MFLOPS 值,都是用速度快的浮点操作算出来,其可信度应打折扣。

(2) CPU 时间(CPU time)。人们习惯于用速度来说明性能,其实,时间才是衡量性能最可靠的标准。因此,专家们引进了术语 CPU 时间。所谓 CPU 时间是指 CPU 的工作时间,换句话说,是执行程序占用 CPU 的时间。显然,一个程序的 CPU 时间为

$$
\begin{aligned}
CPU\ 时间 &= 时钟周期 \times 时钟数 \\
&= 时钟周期 \times CPI \times IC \\
&= \frac{CPI \times IC}{时钟频率}
\end{aligned}
\tag{1.5}
$$

式(1.5)中,CPI 为每条指令的平均时钟周期数。如果知道包含有 n 条指令的程序中每条指令的时钟数和执行次数,其中第 i 条指令的为 CPI_i 和 IC_i,那么,执行该程序的 CPU 时间可以表示为

$$CPU\ 时间 = 时钟周期 \times \sum_{i=1}^{n}(CPI_i \times IC_i) \tag{1.6}$$

在能得到每条指令在程序执行中出现的频度(frequency,也被称为混合比),以及每条指令所需时钟数的实际测量值时,CPI 值可用式(1.7)求解。

$$CPI = \sum_{i=1}^{n}(CPI_i \times 频度) \tag{1.7}$$

CPU 时间可由此算出

$$CPU\ 时间 = 时钟周期 \times \sum_{i=1}^{n}(CPI_i \times 频度) \times IC \tag{1.8}$$

式中，$n=\text{IC}$，即总指令条数。

【例 1.3】 设有两个 CPU，它们对条件转移指令采取了两种不同的设计方法。CPU_A 采用一条比较指令来设置相应的条件码，由随其后的一条转移指令测试该条件码，以确定是否转移，即实现一次条件转移要执行比较、测试转移两条指令。CPU_B 采用比较、测试转移合为一条指令。假定两个 CPU 执行条件转移指令都需要两个时钟周期，其他指令只需一个时钟周期，CPU_A 的转移指令条数占 20%，而 CPU_B 的时钟周期比 CPU_A 的要慢 25%，请比较这两个 CPU 的性能。

解 两个 CPU 的性能可用它们的 CPU 时间来衡量，CPU 时间短的，其性能就好。

① 比较 IC 由于两个 CPU 的区别，仅仅是 CPU_B 比 CPU_A 少 20% 的比较指令，所以

$$\text{IC}_B = (1-20\%)\text{IC}_A = 0.8\text{IC}_A$$

② 比较 CPI 因为 CPU_B 的总指令条数 $\text{IC}_B=0.8\text{IC}_A$，其条件转移指令数是 CPU_A 总指令条数 IC_A 的 20%，所以，CPU_B 条件转移指令占其总指令条数的比例为

$$\frac{20\% \times \text{IC}_A}{0.8 \times \text{IC}_A} = 25\%$$

显然，CPU_B 的其他指令所占比例为

$$1-25\% = 75\%$$

于是

$$\text{CPI}_B = 2 \times 25\% + 1 \times 75\% = 1.25$$

而

$$\text{CPI}_A = 2 \times 20\% + 1 \times 80\% = 1.20$$

$$\frac{\text{CPI}_B}{\text{CPI}_A} = \frac{1.25}{1.20}$$

所以

$$\text{CPI}_B = \frac{1.25}{1.20}\text{CPI}_A$$

③ 比较时钟周期 因为 CPU_B 的时钟周期要比 CPU_A 的慢 25%，所以

$$\text{时钟周期}_B = (1+25\%) \text{时钟周期}_A = 1.25 \text{时钟周期}_A$$

④ 比较 CPU 时间 根据步骤①～步骤③计算结果，可得

$$\begin{aligned}
\text{CPU 时间}_B &= \text{时钟周期}_B \times \text{CPI}_B \times \text{IC}_B \\
&= 1.25 \times \text{时钟周期}_A \times \frac{1.25}{1.20}\text{CPI}_A \times 0.8\text{IC}_A \\
&= \frac{1.25}{1.20} \times \text{时钟周期}_A \times \text{CPI}_A \times 0.8\text{IC}_A \\
&= \frac{1.25}{1.20} \times \text{CPU 时间}_A
\end{aligned}$$

即

$$\frac{\text{CPU 时间}_B}{\text{CPU 时间}_A} = \frac{1.25}{1.20}$$

根据分析与计算结果，CPU_A 性能较为优越。

CPU 时间根据 CPU 执行的程序不同，可分为用户 CPU 时间和系统 CPU 时间，分别是

指 CPU 执行用户程序的时间和执行用户程序所需的操作系统功能调用的时间。CPU 时间应该是两者之和。但由于系统 CPU 时间很难测量或准确计算，所以往往被忽视。如果使用 UNIX 操作系统，用它的时间命令，可得到系统 CPU 时间。

(3) 执行时间(execution time)，也被说成经过时间(elapsed time)、响应时间(response time)。由于 CPU 时间有较好的可计算性，而被应用；但实际上，它并不能反映整个计算机系统的性能。因为计算机完成一项任务所需时间，除了 CPU 时间外，还包括以下时间。

- 访存等待时间(也叫 CPU 暂停时间)。它是指 CPU 访问存储器，而存储器不能立即提供数据时，CPU 被迫暂停工作的时间。
- I/O 机构耗时。它是输入或输出时，I/O 机构操作所耽误的时间。
- 操作系统开销。它是指操作系统运行时，除执行用户程序外，CPU 额外所花费的时间。
- 外部总线延迟。CPU 内部总线的延迟时间虽然很短，但是也算在指令执行周期之内；外部总线的延迟就相对较长，有时是个不可忽略的时间。

为此，专家们又引进了执行时间术语。它是指计算机完成一项任务所需的全部时间。它全面地反映了任务执行过程中各个阶段的延迟，真实地反映出整个系统的时间开销，其值等于上述各项时间之和，即

$$执行时间 = CPU 时间 + 访存等待时间 + I/O 机构耗时 +$$
$$操作系统开销 + 外部总线延迟 \qquad (1.9)$$

其中，前两项之和被称做 CPU 执行时间，即

$$CPU 执行时间 = CPU 时间 + 访存等待时间$$
$$= CPU 时间 + 等待次数 × 等待代价 \qquad (1.10)$$

等待代价就是每次等待所需的时间，代价也可以用时钟数来表示。

应该说，执行时间是衡量机器性能最可靠的标准。性能与执行时间成反比，即

$$性能 = \frac{1}{执行时间} \qquad (1.11)$$

可见，要提高机器性能，就要缩短其执行任务的时间。从执行时间公式可以看出，缩短执行时间的办法就是提高计算机系统各部分的效率。具体如下：

- 提高 CPU 性能。
- 减少访存等待时间，办法就是减少等待次数，或减少每次等待的代价，当然两者同时都减少就更有效。最好是减到没有等待时间，这样的计算机叫零等待计算机，人们一直在向这个方向努力。
- 减少 I/O 机构耗时，为此，人们在从两个方面解决这个问题：一是更新换代 I/O 设备，提高 I/O 设备运行速度，并缩短其辅助操作时间；二是改进 I/O 方式，最有效的方法就是采用 I/O 与 CPU 并行工作方式。
- 采用或开发高效操作系统。
- 提高外部总线传输效率。

当外部总线传输效率较高而不用考虑，I/O 操作又与 CPU 并行工作时，式(1.9)就可以简化为

$$执行时间 = CPU 执行时间 + 操作系统开销 \qquad (1.12)$$

【例1.4】 一台主频为200MHz的计算机,在执行200条指令的程序时,有50%的指令需要操作数。假定访存等待率为10%,其代价为两个时钟周期,零等待的CPI为2,请求CPU执行周期。

解 根据题意可知 IC=200　CPI=2.0

$$时钟周期 = \frac{1}{200 \times 10^6} s = 5 \times 10^{-9} s$$

IC条指令的访存次数为 IC×(1+50%)。

$$
\begin{aligned}
CPU执行时间 &= CPU时间 + 访存等待时间 \\
&= (IC \times CPI + IC \times (1+50\%) \times 10\% \times 2) \times 时钟周期 \\
&= (200 \times 2 + 200 \times 1.5 \times 0.1 \times 2) \times 5 \times 10^{-9} s \\
&= (400 + 60) \times 5 \times 10^{-9} s \\
&= 2.3 \times 10^{-6} s = 2.3 \mu s
\end{aligned}
$$

CPU执行时间为 $2.3\mu s$。

(4) 加速比 Amdahl 定律　Amdahl 定律可以定量地说明系统中某部件性能提高后,其使用频率或执行时间对整个系统性能的影响。例如,某部件改进前后的执行时间分别为 T_i 和 T_i',系统完成某任务的时间在该部件改进前为 T_0,那么,该部件改进后,系统完成该任务的时间 T_0' 是

$$
\begin{aligned}
T_0' &= T_0 - T_i + T_i' = T_0\left(1 - \frac{T_i}{T_0} + \frac{T_i'}{T_0}\right) \\
&= T_0\left(1 - \frac{T_i}{T_0} + \frac{T_i}{T_0} \cdot \frac{T_i'}{T_i}\right) = T_0(1 - A_i + A_i/S_i)
\end{aligned}
\tag{1.13}
$$

式中,$A_i = \dfrac{T_i}{T_0}$ 表示的是该部件原执行时间占系统整个运行时间的比例;

$S_i = \dfrac{T_i}{T_i'}$ 表示的是该部件改进后性能提高的倍数,即它的加速比。

这样,运用 Amdahl 定律的加速比公式就可以记作

$$
speedup = \frac{T_0}{T_0'} = \frac{1}{1 - A_i + A_i/S_i}
\tag{1.14}
$$

【例1.5】 设某部件的处理速度提高到5倍,它原来的处理时间是系统整个运行时间的25%,那么,该部件改进后,系统的加速比是多少?

解 依题给,已知

$$A_i = 25\% \quad S_i = 5$$

所以

$$speedup = \frac{1}{1 - 25\% + 25\%/5} = 1.25$$

改进后,该系统的加速比为1.25。

2. 计算机系统性能的测试

随着计算机系统性能的不断提高,以及人们对计算机系统性能认识的变化,计算机系统性能的评价方法也在不断地推陈出新。

在20世纪60年代,人们以特定的指令为标准来评价性能,如 NOVA 机的运算速度为

50万次每秒,就是指其做定点加法的运算速度。

随着指令执行时间差异的扩大,到20世纪70年代,开始使用平均指令执行时间。该标准是根据各指令在程序中出现的频度(称为指令混合度),所计算出来的平均值。

现代计算机系统,CPU采用流水线结构,存储器采用层次结构,这时,再用以往的评价方法,一方面难以实现,另一方面难于公正。于是,便出现了基准测试程序,如Whetstone测试程序。研究并推出测试程序的初衷是为了公正与公平。但实际上是做不到的。原因如下。

- 测试程序毕竟不是实际程序,其测试结果与运行实际程序,有的会相差甚远。
- 测试程序对不同系统结构的计算机,测试结果会有很大的不同,不能真实反映计算机的性能。
- 可以对测试程序进行专门研究,编写能对其优化的编译器。

对于高性能计算机,常用的做法,是公布其峰值。所谓峰值是系统在实际工作时所达不到的值,所以说,峰值并不能完全代表系统的实际性能。

习 题

1.1 在本课程中所介绍的透明是什么意思?从计算机系统结构来看,下列所列哪些是透明的?哪些是不透明的?

存储器交叉编址、浮点数据表示、I/O系统所采用的通信方式、数据总线宽度、字符串运算指令、阵列运算部件、单总线结构、访问方式保护、程序中断、流水线方式、堆栈指令、存储器的最小编址单位和cache。

1.2 假定Web服务器采用新的CPU后,其应用程序的运行速度是原来的10倍,并假定CPU用于计算的时间占40%,用于I/O操作的时间为60%,请计算性能增强后总的加速比是多少?

1.3 假设FP指令(包括FPSQR)的执行频度为25%,FP指令的平均CPI为4.0,其他指令的CPI为1.33,FPSQR指令的执行频度为2%,FPSQR指令的CPI为20。请用CPU性能公式比较如下两种改进方案:

① 把FPSQR的CPI减至2;

② 把所有FP的CPI减至2.5。

1.4 一个标准测试程序所含的指令种类和它们在40MHz处理器上运行所需的时钟数,如表1.1所示。

表1.1 题1.4数据

指令类别	指令数	时钟数
整数运算指令	45000	1
数据传送指令	32000	2
浮点运算指令	15000	2
控制指令	8000	2

请求有效 CPI、MIPS 速率和程序执行时间。

1.5 一个程序含有 10 万条计算机代码,由 4 种指令组成,每种指令的 CPI 和混合比如表 1.2 所示。

表 1.2 题 1.5 数据

指令类别	CPI	混合比
算术逻辑指令	1	60%
加载和存储指令	2	20%
转移指令	4	14%
cache 缺失的访问主存	8	6%

① 假定运行在 80MHz 的处理器上,计算该程序的平均 CPI。

② 用①所得结果计算 MIPS 速率。

第 2 章 指令系统的优化设计

本章主要介绍操作码优化设计的哈夫曼（Huffman）思想及其优化设计方法，指令系统的优化设计及其考虑的因素、CISC 与 RISC 计算机。

2.1 指 令 系 统

1. 指令

（1）概念 指令是指挥计算机工作的命令。一般指令是由操作码和地址码两部分组成，如图 2.1 所示。

操作码	地址码

图 2.1 指令的组成

在图 2.1 中，操作码用来指定相应硬件要完成的操作；地址码用来寻找运算所需的数据，即确定所谓的操作数。

（2）指令格式 根据地址码个数的多少，指令分为零地址指令、一地址指令、双地址指令、三地址指令和多地址指令，如图 2.2 所示。

在图 2.2 中，θ 代表操作码，D 代表地址码。从图 2.2 可以看出，多地址指令是指地址码多于 3 个的指令，例如，地址码为 7 个的指令。

2. 指令系统

（1）指令系统是一台计算机所具有的指令的集合，故也叫做指令集（instruction set），它表征着计算机的基本功能。从程序设计者的角度来看，它是计算机的主要属性；从计算机系统结构的层次图来看，它是软、硬件的交界面。

（2）指令系统应包括的基本指令概括起来，有如下几类：

① 算术运算、逻辑运算和移位指令；

② 传送和存储指令；

③ 程序控制指令，包括转移、中断、转子与返主指令；

④ I/O 指令；

⑤ 处理机控制指令。

（3）设计指令系统应考虑的问题。

① 计算机的基本操作是由硬件实现，还是由软件实现。

② 一个基本操作是由一条指令实现，还是由若干条指令实现。

③ 指令系统的完整性（completeness）。

④ 指令系统的规整性（consistency）。

(a) 零地址指令

(b) 一地址指令

(c) 双地址指令

(d) 三地址指令

(e) 多地址指令

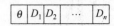

图 2.2 指令格式

⑤ 指令系统的可扩展性(extendibility)。

2.2　操作码的优化设计

1. 操作码优化的概念和信息熵

（1）操作码优化的概念　所谓操作码优化，就是尽量减少指令中操作码的位冗余量，以最少的位数表示出尽量多的指令。

（2）信息熵(entropy)　信息熵是指若干用来表示该信息的二进制编码，它们在理论上的最短平均码长，用 H 表示，可简称为熵。通俗地说，H 就是编码的熵，其值为

$$H = - \sum_{i=1}^{n} (p_i \mathrm{lb} p_i) \tag{2.1}$$

式 2.1① 中 p_i 是第 i 个代码的使用频度。

【例 2.1】 已知 14 条指令，它们的使用频度如表 2.1 所示，请求它们的 H 值。

表 2.1　指令及其使用频度

指令	I_1	I_2	I_3	I_4	I_5	I_6	I_7	I_8	I_9	I_{10}	I_{11}	I_{12}	I_{13}	I_{14}
频度	0.15	0.14	0.13	0.12	0.10	0.07	0.07	0.06	0.05	0.04	0.03	0.02	0.01	0.01

解　将题给数值代入式 2.1，可得：

$$\begin{aligned}
H = &-(0.15 \times \mathrm{lb}0.15 + 0.14 \times \mathrm{lb}0.14 + 0.13 \times \mathrm{lb}0.13 \\
&+ 0.12 \times \mathrm{lb}0.12 + 0.10 \times \mathrm{lb}0.10 + 0.07 \times \mathrm{lb}0.07 \\
&+ 0.07 \times \mathrm{lb}0.07 + 0.06 \times \mathrm{lb}0.06 + 0.05 \times \mathrm{lb}0.05 \\
&+ 0.04 \times \mathrm{lb}0.04 + 0.03 \times \mathrm{lb}0.03 + 0.02 \times \mathrm{lb}0.02 \\
&+ 0.01 \times \mathrm{lb}0.01 + 0.01 \times \mathrm{lb}0.01) \\
\approx &0.15 \times 2.737 + 0.14 \times 2.837 + 0.13 \times 2.944 + 0.12 \times 3.059 \\
&+ 0.10 \times 3.322 + 0.07 \times 3.837 + 0.07 \times 3.837 + 0.06 \times 4.059 \\
&+ 0.05 \times 4.322 + 0.04 \times 4.644 + 0.03 \times 5.059 + 0.02 \times 5.644 \\
&+ 0.01 \times 6.645 + 0.01 \times 6.645 \\
\approx &3.47
\end{aligned}$$

2. 哈夫曼(Huffman)操作码优化编码法

（1）哈夫曼优化编码的思想　使用频度较高的指令，其操作码用较短的二进制编码表示；而使用频度较低的指令，其操作码用较长的二进制编码表示。其目的是使得所有指令操作码的平均位数少，即平均码的长度短，从而减少信息冗余量。

（2）哈夫曼优化编码方法　该方法可分为两步：第一步是构造哈夫曼树，第二步是求出每条指令的操作码。

① 构造哈夫曼树　以各条指令的使用频度为树叶，构造哈夫曼树。其方法是，找出值最小的两个树叶，把它们的值相加作为结点；结点与余下的树叶一起比较，从中再找出值最

---

① 　$\mathrm{lb}x = \log_2 x = \log_{10} x / \log_{10} 2 = \log_{10} x / 0.301$

小的两个树叶(或结点)相加,求出新结点;重复此过程,直到求出根结点为止。

② 求每条指令的操作码 这一步就是求每个树叶的编码。方法是,首先从根结点开始,直到树叶,按照左1右0,或左0右1,给每条二叉树路径做标记;然后从根结点到每个树叶将各路径上的标记(1或0),从左到右顺序写出,即为各树叶的编码。

以上,由哈夫曼树所求出的各指令的操作码,人们习惯叫哈夫曼编码。

③ 判别编码优劣 编码优劣可用平均码长和代码的位冗余量来评价。平均码长公式为

$$l_{平均} = \sum_{i=1}^{n} l_i p_i \tag{2.2}$$

式中,l_i 和 p_i 分别为第 i 条指令的码长和使用频度。

代码的位冗余量公式为

$$R = \frac{l_{平均} - H}{l_{平均}} \tag{2.3}$$

【例2.2】 请根据例2.1所给出的14条指令的使用频度,构造哈夫曼树,并求出这14条指令的操作码,以及它们的平均码长和代码的位冗余量。

解

① 第1步 确定合并顺序。根据哈夫曼树构造法则,用图表法,确定合并(即两两相加求新结点)的顺序,如表2.2所示。

表 2.2 确定合并顺序的图表法

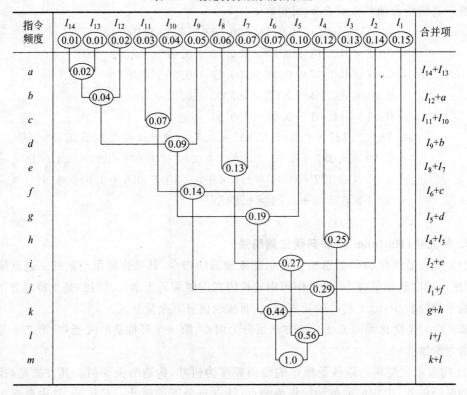

说明:
- 表中表示合并项的连线可以不要。

- 在构造哈夫曼树前,使用表格法确定合并顺序,有两点好处:一是避免直接画哈夫曼树出现路径交叉的情况,以节省构造时间;二是表格法可以使用计算机编程实现,从而提高指令编码设计的效率。

② 第 2 步　画哈夫曼树。根据第 1 步所确定的合并顺序 a、b、…、m,构造哈夫曼树,如图 2.3 所示。

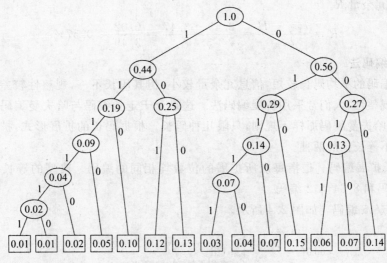

图 2.3　哈夫曼树

③ 第 3 步　求编码值。按指令操作码求法,根据二叉树路径,按左 1 右 0 的方式标记,各指令的二进制编码如表 2.3 所示。

表 2.3　例 2.2 中各指令的操作码

指　　令	频　　度	编　码　值
I_1	0.15	010
I_2	0.14	000
I_3	0.13	100
I_4	0.12	101
I_5	0.10	110
I_6	0.07	0110
I_7	0.07	0010
I_8	0.06	0011
I_9	0.05	1110
I_{10}	0.04	01110
I_{11}	0.03	01111
I_{12}	0.02	11110
I_{13}	0.01	111110
I_{14}	0.01	111111

④ 第 4 步　求平均码长和位冗余量。使用式(2.2)和式(2.3),可以求出该编码的平均码长和位冗余量。

- 求平均码长 $l_{平均}$。

$$l_{平均} = (0.15 + 0.14 + 0.13 + 0.12 + 0.10) \times 3$$

$$+ (0.07 + 0.07 + 0.06 + 0.05) \times 4$$
$$+ (0.04 + 0.03 + 0.02) \times 5 + (0.01 + 0.01) \times 6$$
$$= 0.64 \times 3 + 0.25 \times 4 + 0.09 \times 5 + 0.02 \times 6$$
$$= 1.92 + 1.0 + 0.45 + 0.12$$
$$= 3.49$$

- 求位冗余量 R。

$$R = \frac{l_{平均} - H}{l_{平均}} = \frac{3.49 - 3.47}{3.49} = \frac{0.02}{3.49} \approx 0.57\%$$

3. 扩展编码法

哈夫曼编码的平均码长较短,信息冗余量较小;但其码长不一,规整性较差。为提高指令操作码的规整性,人们常采用扩展编码法。这是介于定长编码与哈夫曼编码之间的一种编码,它不像哈夫曼编码那样不规则,只限几种码长。根据码长的扩展形式,扩展编码分为等长扩展和不等长扩展两种。

(1) 等长扩展编码 是指每次所扩展的位数均相同的编码。典型的等长扩展编码有15/15/15 编码和 8/64/512 编码。

① 15/15/15 编码 如图 2.4 所示。

```
00 00
00 01              第1组
  ⋮                15条用于最常用的编码
11 10

11 11 00 00        第2组
11 11 00 01        15条用于次常用的编码
  ⋮                (左边的4位 1111 为第二组的标志)
11 11 11 10

11 11 11 11 0000   第3组
11 11 11 11 0001   15条用于不大用的编码
  ⋮                (左边的8位 1111 1111 为第3组标志)
11 11 11 11 11 10
```

图 2.4   15/15/15 编码

② 8/64/512 编码 如图 2.5 所示。

```
(0) 000                      第1组
(0) 001                      8条用于最常用的编码
  ⋮                          (第1位"0"为标志位)
(0) 111

(1) 000 (0) 000              第2组
(1) 000 (0) 001              64条用于次常用的编码
  ⋮                          (第1位"1"和第5位"0"为标志位)
(1) 111 (0) 111

(1) 000 (1) 000 (0) 000      第3组
(1) 000 (1) 000 (0) 001      512条用于很少使用的编码
  ⋮                          (第1位、第5位和第9位为标志位)
(1) 111 (1) 111 (0) 111
```

图 2.5   8/64/512 编码

从以上两种编码可以看出,它们具有如下共同的特点。

- 每次扩展的位数相同,且等于未扩展时的编码位数;所以,这两种编码均属等长扩展编码。
- 15/15/15 和 8/64/512 中的数字指的是编码的个数。这就是说,15/15/15 编码的第 1 组用 4 位编码,除去 1111 编码外,可有 15 个代码;第 2 组在这一组的基础上,再扩展 4 位,又有 15 个代码;第 3 组是在第 2 组的基础上,又扩展了 4 位,还有 15 个代码。显然,这种编码可有 45 个代码。8/64/512 编码的第 1 组用 0×××编码,第 1 位 0 为标志,后 3 位用来编码,可有 8 个代码;第 2 组用 1×××0×××编码,1 和 0 为标志,用其余 6 位编码,可有 64 个代码;同样的道理,第 3 组可有 512 个代码。这种编码一共可有 584 个代码。

如果所需代码接近 45 个,且前 15 个代码的使用频度较高,那么,使用 15/15/15 编码就很合适;如果所需代码个数较多,接近 584 个,且有 8 个代码的使用频度较高,那么,使用 8/64/512 编码就合适。

（2）不等长扩展编码 这也是一种有几种码长的编码,与等长扩展编码不同的是,每次扩展的位数是变化的。为区别于等长扩展编码,人们用短线连接码长的方法来表示这种编码。例如,3—5—8 表示有 3 种码长的编码,分别为 3 位、5 位和 8 位。

【例 2.3】 请把例 2.2 所得哈夫曼编码变成等长编码和扩展编码,分别求出它们的平均码长和位冗余量,并与哈夫曼编码进行比较。

解

① 14 条指令的等长编码 根据公式:n(位数)=lb14(指令条数);用 4 位编码即可。14 个代码为 0000～1101。

② 扩展编码 可有两种方案:一种是 3—5(6/8)编码;另一种是 3—6(7/7)编码。

3 种编码的代码及其平均码长、位冗余量如表 2.4 所示。

表 2.4 14 条指令操作码的 3 种编码比较

编码方法	等长编码	哈夫曼编码	扩展法 1	扩展法 2
	0000	010	000	000
	0001	000	001	001
	0010	100	010	010
	0011	101	011	011
	0100	110	100	100
	0101	0110	101	101
	0110	0010	11000	110
14 个代码	0111	0011	11001	111000
	1000	1110	11010	111001
	1001	01110	11011	111010
	1010	01111	11100	111011
	1011	11110	11101	111100
	1100	111110	11110	111101
	1101	111111	11111	111110
平均码长	4	3.49	3.58	3.66
位冗余量	13.25%	0.57%	3.07%	5.19%

从表 2.4 中可以看出哈夫曼编码的位冗余量最小,等长编码的最大,扩展编码的也能接受。比较起来看,扩展编码法 1,码长只有 2 种,比较规整,且位冗余量又较小,所以,人们常用此方法。

2.3 地址码的优化设计

1. 地址码优化的目的

综观计算机指令系统,地址码优化的目的不外乎 3 个:一是提高地址码的译码速度,提高计算机性能;二是扩大地址码的寻址空间,增强计算机的功能;三是增加计算机寻址的灵活性,方便用户编程。为此,便产生了寻址方式。

2. 寻址方式

所谓寻址方式就是寻找操作数地址的方式方法。这里介绍常用的寻址方式。

(1) 直接寻址(direct addressing) 这是指令中直接给出操作数地址的寻址方式。它的优点是容易理解,一次译码即可找到操作数地址。其缺点是,由于指令字的长度是固定的,且操作码又占据了一定的位数,这样留给地址码的位数就非常有限了,故它的寻址范围就不可能太大。

例如,字长为 16 位的指令,假定操作码占 8 位,那么地址码充其量也就只有 8 位,其寻址范围为 00000000~11111111,即 256 个单元。对于现代计算机来说,这个空间显然太小了。

(2) 扩大寻址空间的寻址方式 有如下 3 种。

① 间接寻址(indirect addressing) 在这种寻址方式中,地址码给出的是操作数地址所在的单元,而不是操作数本身,故叫间接寻址。

② 变址寻址(indexing) 在这种寻址方式中,地址码给定一个主存地址,而变址寄存器提供一个正偏移量。

③ 基址寻址(base-register addressing) 在这种寻址方式中,把主存的整个空间分为若干段,段的首址存入基址寄存器中,而段内偏移量(无符号整数)由地址码给出。

分析以上 3 种寻址方式,可以得出如下结论。

- 3 种寻址方式的操作数地址,即有效地址的位数扩展到了一个存储单元或寄存器,一般来说,均为一个字长的位数。假定字长为 n 位,那么,可寻址的空间就是 2^n 个存储单元。即对于 16 位机,可寻址范围为 2^{16}(64K)个存储单元;而对于 32 位机,可寻址范围为 2^{32}(4G)个存储单元。注意,这里所说的存储单元是指给定地址编号的一个存储空间。
- 为了区分不同的寻址方式,指令字中除了操作码和地址码这两个字段外,还应该有一个寻址方式特征码字段。这样,指令字就变成如图 2.6 所示的结构。

以上所介绍的 4 种寻址方式的指令字及寻址方式,如图 2.7 所示。

操作码	寻址方式码	地址码

图 2.6 指令字的结构

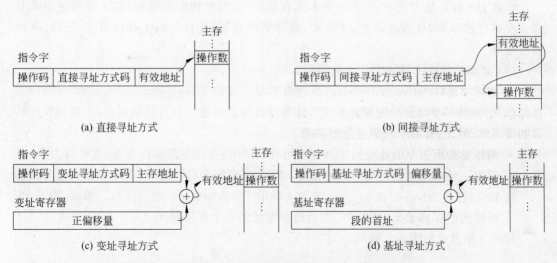

图 2.7　直接寻址方式及扩大寻址空间的 3 种寻址方式

- 包括寻址方式特征码译码在内,间接寻址要经过确定寻址方式、寻找主存地址和寻找有效地址 3 次译码,才能找到有效地址;后两种寻址方式,要确定寄存器一般也需要译码,故也要 3 次译码;此外,后两种寻址方式还需进行一次加运算,才能最终确定有效地址。

由于译码次数的增加,这 3 种寻址方式的性能显然不如直接寻址。至于这 3 种寻址方式的性能比较,就要分析它们每次译码(包括加运算)所经过的逻辑门的多少。一般情况下,由于寻址方式特征码和寄存器的个数都不会很大,相比主存单元的译码,所经过的逻辑门个数要少得多,所以其译码延迟时间不会很长。加偏移量的加运算的延迟时间,也要分析其具体电路来确定。

(3) 提高性能的寻址方式　有如下 3 种。

① 隐含寻址(implicit addressing)　这是操作数隐含在操作码中的寻址方式。

② 立即寻址(immediate addressing)　这是操作数由指令字直接给出的寻址方式,即指令字中的地址码字段就是操作数本身,被称为立即数。

③ 寄存器寻址(register addressing)　这是操作数存放在寄存器中的寻址方式,找到该寄存器就找到操作数了。

以上 3 种寻址方式的指令字及其寻址方式,如图 2.8 所示。

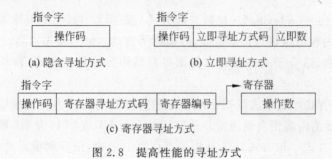

图 2.8　提高性能的寻址方式

在以上 3 种寻址方式中,前两种根本没有地址码,当然性能非常好;第 3 种寻址方式只需一次寄存器译码,且寄存器在 CPU 中,操作数的存取,要比访问主存快得多,所以,其性能也很好。

(4) 增加灵活性的寻址方式　有如下 3 种。

① 相对寻址(relative addressing)　这是相对于当前 PC(personal computer)所指向的存储单元,偏移一个给定量的寻址方式。这种寻址方式很适宜设计转移指令,可增加程序转移的灵活性;但是,有两个问题一定要清楚。

- 偏移量是由指令的地址码字段直接用补码给出的,故其值可以为正,也可以为负。
- 因为一旦取出这条相对寻址的指令,PC 的内容便会自动递增,指令字若占 1B,自动加 1;若占 2B,自动加 2。加 1 或加 2 后的 PC 值叫做 PC 的当前值。所以,当前 PC 所指向的存储单元,是指 PC 当前值为地址的那个存储单元。

相对寻址方式如图 2.9 所示。

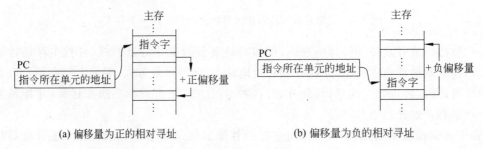

(a) 偏移量为正的相对寻址　　　　(b) 偏移量为负的相对寻址

图 2.9　相对寻址方式

② 寄存器间接寻址(register indirect addressing)　在这种寻址方式中,寄存器存放的是有效地址,而不是操作数本身,故叫寄存器间接寻址。使用这种寻址方式,可以通过寄存器访问主存的任意存储单元。其寻址过程如图 2.10 所示。

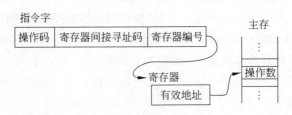

图 2.10　寄存器间接寻址方式

③ 自动寻址(autoindexing)　这种寻址方式与寄存器寻址方式基本相同。只是指令所指定的寄存器的内容可以进行自动修改,故被称为自动寻址。使用该寻址方式,可以对连续存储空间进行存取,适合于处理数组。根据寄存器内容的修改方式,自动寻址方式又分为两种。

- 自动递增方式　该方式以指令所指定的寄存器的内容为有效地址。当操作数找到后,寄存器的内容便自动递增。若存储单元为 1B,则加 1;为 2B,则加 2。
- 自动递减方式　该方式是先对相关寄存器的内容,按存储单元大小,进行减 1 或减 2,然后,以递减后的结果作为有效地址。

2.4　指令系统的优化

1. 优化目标

指令系统的优化目标与操作码和地址码的优化目的是一致的。具体说,其目标如下:

- 有利于提高计算机性能;
- 有利于增强计算机功能;
- 有利于减少指令编码的位冗余量;
- 有利于程序设计;
- 有利于指令系统的扩展。

2. 优化原则

指令字的长度都设计成是存储单元大小的整数倍,例如,存储器按字节编址,指令字长的字节数就可以是 $1 \sim n$,即 8 位、16 位和 32 位等。例如,8086/8088 处理器的指令长度,最短的是 1B,最长的是 6B;而 Pentium 处理器的指令长度是从 $1 \sim 12B$,有 12 种指令字。

为什么指令字长一定要设计为存储单元大小的整数倍? 这是因为计算机读取一个存储单元的数据,就需要一个存储周期,读取一条长度为 n 个存储单元的指令,其时间就得 n 个存储周期。例如,一条指令的长度介于 n 个存储单元与 $n+1$ 个存储单元之间,那么读取它也要 $n+1$ 个存储周期。在这种情况下,要么把该指令长度设计为 n 个存储单元,以改善指令系统的性能,要么干脆设计成 $n+1$ 个存储单元,以增强指令系统的动能。可见,按此原则,把指令设计得有长有短,既可以充分利用字长,又能节省存储空间和改善计算机性能。

指令字的长度按存储单元大小的整数倍设计根据的是按整数边界存储的原则。现代计算机的指令系统都是按照这一原则设计的。

3. 指令格式的优化设计

指令格式优化设计,主要考虑的问题,集中在指令字的规整性和满足功能要求这两点上。规整性就要求指令系统的各条指令的长度都要符合按整数边界存储这一原则;满足功能要求就是要保障计算机功能齐全。为此,设计指令格式时,一般采用如下优化方法。

- 操作码采用扩展编码法。
- 地址码普遍使用寻址方式。
- 根据操作码的长短,配以不同的地址码个数,例如,有些较长的和较短的操作码,分别与单地址码和双地址码组成指令,以达到指令规整。
- 为实现计算机的多种功能,可采用不同寻址方式的配合,例如,双地址码可采用立即数—寄存器、立即数—主存和寄存器—主存等多种配合方式。根据需要,有些指令可适当加长。
- 留有一定数量的操作码,以备扩充指令使用。

【例 2.4】　PDP-11 机是美国 DEC 公司生产的小型计算机,其基本机型的指令系统只能进行整数运算。试分析该指令系统。

解　该机的存储器按字节编址,一个字含 2B,外部设备与主存储器统一编址,因此,该机可用访存指令访问外部设备,这样,就不需要 I/O 指令。

① 指令系统分析　根据整数运算的需要,该机设计了 54 条指令。

- 算术运算指令(10 条)　加、减、清零、加 1、减 1、求补、加进位、减进位、算术右移、算术左移。
- 逻辑运算指令(9 条)　求反、测试、循环右移、循环左移、比较、按位测、按位清、按位置、字节交换。
- 条件码操作指令(11 条)　清进位、清溢出位、清零位、清负位、清进位和溢出位、清全部条件码、置进位、置溢出位、置零位、置负位、置进位和溢出位。
- 跳转指令(20 条)　非零转移、零转移、正转移、负转移、无溢出转移、溢出转移、无进位转移、有进位转移、大于或等于零转移、小于零转移、大于零转移、小于或等于零转移、高于转移、低于或等于转移、高于或等于转移、低于转移、无条件转移、跳转,还有转子和返主两条指令。
- 处理器控制指令(4 条)　停机、等待、复位和空操作指令。

② 寻址方式分析　PDP-11 机充分利用其 8 个通用寄存器进行寻址,设计了 8 种基本寻址方式,用 3 位寻址方式码表示如下:

- 0(000)型寻址　指令所指定的通用寄存器 R_i 的内容就是要找的操作数。
- 2(010)型寻址　指令所指定的通用寄存器 R_i 的内容是操作数地址,并递增(字节操作加 1,字操作加 2)该地址。
- 4(100)型寻址　指令所指定的通用寄存器 R_i 的内容递减(字节操作减 1,字操作减 2)后,为操作数地址。
- 6(110)型寻址　指令所指定的通用寄存器 R_i(作为变址寄存器)与本指令下一个单元中的内容相加,其和为操作数地址。
- 其余 4 种寻址方式　即 1、3、5、7 型寻址分别是 0、2、4、6 型寻址的间接寻址方式。说明白一点,把 0、2、4、6 型所找到的操作数,改为操作数的地址,就是 1、3、5、7 型寻址。

指令所用到的通用寄存器,也用 3 位编码放在寻址方式码后面,这样,每一个地址码就用 6 位编码来表示。

当 2、3、6、7 型寻址方式码后所跟的编码为 7(111)时,表示使用 7 号寄存器。在 PDP-11 机中,该寄存器专门由程序计数器 PC 使用。这时,6 位地址码分别为 27、37、67、77,习惯称做 4 种寻址方式,它们分别表示。

- 27(010111)型　表示该指令下面一个存储单元中放的是操作数,称做立即数。
- 37(011111)型　表示该指令下面一个存储单元中放的是操作数的地址。即 37 型是 27 型的间接寻址。
- 67(110111)型　表示该指令下面一个存储单元所存的内容与当前 PC 值的和为操作数的地址。
- 77(111111)型　表示该指令下面一个存储单元所存的内容与当前 PC 值之和为操作数地址的地址。即 77 型是 67 型的间接寻址。

加上这 4 种扩充的寻址方式,连同 8 种基本寻址方式,PDP-11 机号称有 12 种寻址方式。

③ 操作码分析　从以上分析可知,该机不管采用哪种寻址方式,一个地址码(寻址方式码+寄存器编码)就是 6 位。如果指令字长为 1B(8 位),双地址指令容不下,单地址指令也只能有 4 条。显然,指令字长取 8 位不合适。指令字长取 2B 呢? 单地址指令操作码为

10 位, 双地址指令操作码有 4 位。该机没有 3 个地址或更多地址的指令, 这样, 操作码采用扩展编码, 基本指令字的长度用 2B 就足够了。

那么, PDP-11 机的操作码是如何设计出来的呢? 其实, 就是运用扩展编码法设计的。观察其 54 条指令的操作码, 可以看出, 其操作码为 4－7－10－13－16 扩展码。进一步分析它的操作码, 可以看出, 其操作码的最高位, 在算术指令中, 用来区别加与减; 在跳转指令中, 用作编码的辅助位, 即根据其是 1 还是 0, 来区别不同的指令; 在大部分指令中, 用来区分是字操作, 还是字节操作。可见, 其操作码的最高位具有特殊作用, 实际上, 它并没有与其他位一起编码。如果把它排除在外, 完全可以把 PDP-11 机的操作码看作是 3－6－9－12－15 等长扩展码。

54 条指令的操作码如表 2.5 所示。

表 2.5　PDP-11 机的整数运算指令

指令序号	操 作 码	位数	名 称	助记符	类 别
1	×010	3+1	比较	CMP	逻辑运算
2	×011	3+1	按位测	BIT	逻辑运算
3	×100	3+1	按位清	BIC	逻辑运算
4	×101	3+1	按位置	BIS	逻辑运算
5	0110	3+1	加	ADD	算术运算
6	1110	3+1	减	SUB	算术运算
7	0000100	6+1	转子	JSR	转移指令
8	1000000000	9+1	正转移	BPL	转移指令
9	0000000001	9+1	跳转	JMP	转移指令
10	0000000011	9+1	字节交换	SWAB	逻辑运算
11	0000000100	9+1	无条件转移	BR	转移指令
12	1000000100	9+1	负转移	BMI	转移指令
13	0000001000	9+1	非零转移	BNE	转移指令
14	1000001000	9+1	高于转移	BHI	转移指令
15	0000001100	9+1	零转移	BEQ	转移指令
16	1000001100	9+1	低于或等于转移	BLOS	转移指令
17	0000010000	9+1	大于等于零转移	BGE	转移指令
18	0000010100	9+1	小于零转移	BLT	转移指令
19	1000010000	9+1	无溢出转移	BVC	转移指令
20	1000010100	9+1	溢出转移	BVS	转移指令
21	1000011000	9+1	大于零转移	BGT	转移指令
22	1000011000	9+1	无进位转移	BCG	转移指令
23	1000011000	9+1	高于或等于转移	BHIS	转移指令
24	0000011100	9+1	小于等于零转移	BLE	转移指令
25	1000011100	9+1	有进位转移	BCS	转移指令
26	1000011100	9+1	低于转移	BLO	转移指令
27	×000101000	9+1	清零	CLR	算术运算
28	×000101001	9+1	求反	COM	逻辑运算
29	×000101010	9+1	加 1	INC	算术运算
30	×000101011	9+1	减 1	DEC	算术运算

指令序号	操 作 码	位数	名　　称	助记符	类　别
31	×000101100	9+1	求补	NEG	算术运算
32	×000101101	9+1	加进位	ADC	算术运算
33	×000101110	9+1	减进位	SBC	算术运算
34	×000101111	9+1	测试	TST	逻辑运算
35	×000110000	9+1	循环右移	ROR	逻辑运算
36	×000110001	9+1	循环左移	ROL	逻辑运算
37	×000110010	9+1	算术右移	ASR	算术运算
38	×000110011	9+1	算术左移	ASL	算术运算
39	0000000010000	12+1	返主	RTS	转移指令
40	0000000000000000	15+1	停机	HALT	处理器操作
41	0000000000000001	15+1	等待	WAIT	处理器操作
42	0000000000000101	15+1	复位	RESET	处理器操作
43	0000000010100000	15+1	空操作	NOP	处理器操作
44	0000000010100001	15+1	清进位	CLC	条件码操作
45	0000000010100010	15+1	清溢出位	CLV	条件码操作
46	0000000010100011	15+1	清进位和溢出位	CCV	条件码操作
47	0000000010100100	15+1	清零位	CLZ	条件码操作
48	0000000010101000	15+1	清负位	CLN	条件码操作
49	0000000010101111	15+1	清条件码	CCC	条件码操作
50	0000000010110001	15+1	置进位	SEC	条件码操作
51	0000000010110010	15+1	置溢出	SEV	条件码操作
52	0000000010110100	15+1	置零位	SEZ	条件码操作
53	0000000010111000	15+1	置负位	SEN	条件码操作
54	0000000010111111	15+1	置条件码	SCC	条件码操作

从表 2.5 可以得出以下结论。

- PDP-11 机指令的操作码基本上符合哈夫曼优化编码的思想,把最常用的加、减和几条逻辑指令用最短的 4 位(3+1 位)操作码表示,而一些较常用的算术与逻辑运算指令用 10 位(9+1 位)表示,其余的用 13 位、16 位表示。
- 除去特殊的最高位外,实际上,是按 3 位,或 3 位的整数倍扩展编码,可以看作是等长扩展编码。
- 由于指令条数不算很多,采用了不完全编码,即可能的编码并没有全用上,只用了很少一部分。
- 第 22 条指令和第 23 条指令的操作码相同,是因为它们的功能相同,都是条件码 C=0 而转移。如果感到费解,可以把进位看作是两数相减后无借位发生,即被减数高于或等于减数。这样去理解,这两条指令的转移条件是一样的,功能当然相同。同样,第 25 条指令与第 26 条指令也具有相同的功能,故操作码也相同。

2.5　复杂指令系统计算机与精简指令系统计算机

几十年来,计算机指令系统的发展,经历了两种截然不同的优化目标:一种是旨在增加指令系统功能的复杂指令系统计算机(complex instruction set computer,CISC);另一种是旨在增加指令系统性能的精简指令系统计算机（reduced instruction set computer，RISC）。本节分别给予介绍。

1. 复杂指令系统计算机

（1）什么是复杂指令系统计算机　这是一种为增强指令功能，而把指令系统设计得很复杂，几乎可以实现高级语言的功能，从而达到简化编译系统的计算机。

（2）提高指令系统功能的技术　一般采取如下 4 种技术。

① 增强数据传送指令的功能　一般的 CISC 机都有如下数据传送功能：

- 寄存器与寄存器的数据传送；
- 寄存器与主存单元的数据传送；
- 主存单元与主存单元的数据传送，例如，IBM 370 就有上述 3 种数据传送功能；
- 数据块传送，例如，VAX-11 机就有这种功能。

② 增强运算指令的功能　CISC 机通常具有如下运算指令：

- 函数运算指令，如三角函数 $\sin x$、$\cos x$、$\tan x$，指数函数 e^x，对数函数 $\ln x$、$\lg x$，开平方函数 $\sqrt{x}$ 等；
- 多项式计算；
- 傅里叶变换；
- 十进制运算；
- 进位制转换；
- 码制转换。

③ 增强程序控制指令的功能　一般计算机都有转移指令和子程序控制指令，CISC 机都增加了条件转移指令，如 IBM 370 就有如下条件转移指令：

- 大于转移；
- 大于等于转移；
- 小于转移；
- 小于等于转移。

④ 增强对高级语言和编译程序支持的指令的功能　这体现在如下方面：

- 增强数据传送指令的功能　从高级语言编译成目标程序来看，数据传送指令使用的频率最高。因此，增加这类指令的功能，缩短它们的执行时间，是对高级语言的很好支持。
- 增加转移指令的种类　在高级语言中，条件转移和无条件转移语句所占比例很高，往往占有 30%。因此，在指令系统中，增加这类指令，将大大简化编译过程。
- 增强指令体系结构的规整性　这可以减少指令体系结构中的各种例外情况，从而，使编译程序得到简化。
- 高级语言计算机　当 CISC 沿其目标，发展到极致，也就是当机器语言功能非常接近高级语言的时候，便产生了高级语言计算机，如 Lisp 计算机、Prolog 计算机。

2. 精减指令系统计算机

（1）CISC 存在的问题　从 1964 年 IBM 系列机推出后，人们一直在改进计算机系统结构，不断增强指令系统的功能，到了 20 世纪 70 年代，许多 CISC 机的指令系统已相当复杂。计算机是沿着这条路发展下去，还是另辟新路，有人开始探讨这个问题。

1975 年，IBM 公司率先提出并组织力量，研究指令系统的合理性问题。

1979 年，美国加州伯克莱分校，以 David Patterson 为首的研究小组，经过研究，指出 CISC 存在的问题，其中主要的是如下两个问题：

- 20％与 80％的问题　大量统计数据说明，20％的指令使用频率较高，占 80％的 CPU 处理时间；换句话说，80％的指令，只在 20％的处理机运行时间内被使用。这无疑为精减指令系统提供了数据根据。
- CISC 增加了硬件的复杂性　由于硬件复杂性增加，使指令周期大大加长。

由于 VLSI 和 ULSI 的集成度迅速提高及其技术水平的不断提高，在单芯片上，用硬布线方法，实现 CPU 成为现实。这就使采用硬布线技术设计控制器，以追求其性能的提高，成为一种潮流。于是，便出现了伯克莱大学的 RISC-Ⅰ、RISC-Ⅱ和斯坦福大学的 MIPS 机，为 RISC 机的发展起到了推动作用。

1983 年后，一些公司推出 RISC 产品。

(2) RISC 的特点　主要有如下 6 个方面：

① 指令周期为一个机器周期。这里所说的机器周期是指从寄存器中取出两个操作数，然后对它们进行一次算术或逻辑运算，最后再把结果写入寄存器，这个过程所用的时间。

② 指令操作基本上是寄存器到寄存器，只有 Load/Store 两条指令访问内存，且这两种操作不与算术操作组合。

③ 寄存器数目很大，应不小于 32 个，有的采用重叠寄存器窗口技术。

④ 控制器采用硬布线技术和流水线结构。

⑤ 寻址方式简单，一般少于 5 种，无间接寻址。

⑥ 指令格式简单，RISC 机大都采用 4B 的指令长度。

【例 2.5】　一台 RISC 机在其所执行的一段程序中，Load 指令和 Store 指令所占比例分别为 26％和 9％，回答以下问题。

① 存储器的读与写分别占存储器全部存取量的比例是多少？

② 如果存储系统采用分离 cache，那么，数据 cache 的读与写各占多少比例？

③ 对于分离 cache 来说，指令 cache 和数据 cache 的访问几率各是多少？

解

① 根据题意可知，假定所执行的程序为 100 条指令，其中就有 26 条 Load 指令和 9 条 Store 指令，即 26 次存储器读和 9 次存储器写；而这 100 条指令都存放在存储器中，执行过程中都需从存储器中读出，因此，存储器读与写的比例如下：

- 存储器读的比例为 $\dfrac{26+100}{100+26+9} \approx 93.33\%$。

- 存储器写的比例为 $\dfrac{9}{100+26+9} \approx 6.67\%$。

② 因为 RISC 机只有 Load 和 Store 这两条指令能对存储器进行读写，也就是对数据 cache 的读写，所以，根据题意得出如下结论。

- 数据 cache 读的比例为 $\dfrac{26}{26+9} \approx 74.29\%$。

- 数据 cache 写的比例为 $\frac{9}{26+9}\approx25.71\%$。

③ 同样,假定该程序中含有 100 条指令,那么,这 100 条指令应存在指令 cache 中,要执行它们,就要访问指令 cache 100 次;100 条指令中会有 26 条 Load 指令和 9 条 Store 指令,执行这两条指令,就要访问(26+9)次数据 cache。因此,

- 访问指令 cache 的几率为 $\frac{100}{100+26+9}\approx74.07\%$。

- 访问数据 cache 的几率为 $\frac{26+9}{100+26+9}\approx25.93\%$。

习　题

2.1　某机有 10 条指令,使用频度分别为 0.01、0.14、0.12、0.08、0.13、0.15、0.02、0.16、0.10、0.09,请求:

① 用等长操作码编码的平均码长;

② 构造哈夫曼树;

③ 写出哈夫曼的一种编码,并计算其平均码长;

④ 若只有两种码长,求平均码长最短的扩展操作码编码及其平均码长。

2.2　一个处理机有 10 条指令,它们在程序中出现的概率分别为 0.25、0.22、0.15、0.10、0.08、0.07、0.05、0.04、0.03、0.01,请进行如下计算:

① 计算这 10 条指令操作码最短平均长度(信息熵);

② 采用哈夫曼编码法,编写这 10 条指令的操作码,并计算它们的平均长度;

③ 采用 2/8 扩展编码法,编写这 10 条指令的操作码,并计算它们的平均长度,及其操作码的位冗余量;

④ 采用 3/7 扩展编写法,编写这 10 条指令的操作码,并计算它们的平均长度,及其操作码的位冗余量。

2.3　一台模型机有 7 条指令,使用频度分别为 35%、25%、20%、10%、5%、3%和 2%,有 8 个通用寄存器和 2 个变址寄存器。

① 请设计出平均长度最短的操作码编码,并求出它们的平均长度。

② 如果 8 位字长的寄存器—寄存器型指令有 3 条,16 位字长的寄存器—存储器型变址寻址方式指令有 4 条,变址范围为 $-128\sim127$。请设计指令格式,并给出各字段的长度和操作码的编码。

2.4　某机的指令字长 12 位,每个操作码和地址均占 3 位,若该机指令系统的三地址指令、双地址指令和单地址指令各有 4 条、8 条和 180 条。给出编码方案。

2.5　某机指令字长为 16 位,有单地址和双地址两种指令,每个地址字段占 6 位。求

① 双地址指令最多可有多少条?

② 单地址指令最多可有多少条?

第3章 流水线处理机

本章介绍流水线的概念、结构,以及线性流水线的性能分析。

3.1 流水线的概念

1. 什么是流水线

把一条指令的执行过程分成几个子过程,例如,分成取指、译码、取操作数、执行和存放结果这 5 个子过程,这样,就可以用 5 个子部件来执行指令,分别处理 5 个子过程。设 5 个子部件分别为 A、B、C、D 和 E,如图 3.1(a)所示。这样,下一条指令就没有必要等到上一条指令的 5 个子过程全部处理完毕后再进行处理,只要上一条指令的第一个子过程(取指)在 A 部件上处理完毕,进入 B 部件进行第二个子过程(译码)处理的同时,第二条指令即可进入 A 部件处理其第一个子过程。诸如此类,如图 3.1(b)所示,每隔 Δt 时间便可进入一条新指令。把各子部件看作是流水线上的各道工序,那么,每条指令就像要加工的产品,所以,人们把这种工作方式叫做流水线。

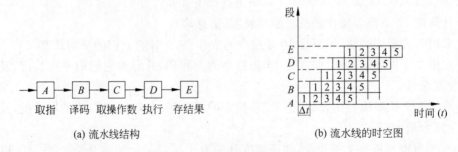

(a) 流水线结构　　　　　　　　　　(b) 流水线的时空图

图 3.1　流水线的结构和时空图

流水线结构中的各子部件也被称做功能段,简称段。图 3.1(b)反映了流水线执行指令过程中段与时间的关系,故叫时空图。

2. 流水线的分类

(1) 按功能多少分为两种。

① 单功能流水线(unifunction pipeline)　它是只能实现一种功能的流水线,例如,只能完成浮点加的浮点加流水线和只能完成浮点乘的浮点乘流水线。

使用单功能流水线的计算机,其多种功能是靠多条单功能流水线分别完成的,如 Cray-1 机具有 12 条单功能流水线;我国银河-1 机具有 18 条单功能流水线;Pentium 处理机有一条 5 段整型数运算流水线和一条 8 段的浮点数运算流水线。

② 多功能流水线(multifunction pipeline)　它是通过各种不同功能模块的不同连接组合而实现多种功能的流水线,如美国 Texas 公司生产的 TI ASC 机有 4 条流水线,每条都由

8个功能模块组成,使用时可根据需要组合连接,实现各种功能,如图3.2所示。

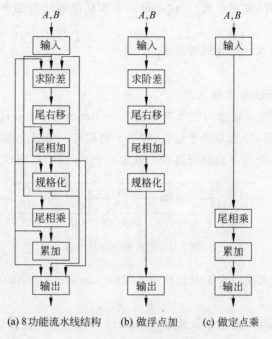

(a) 8功能流水线结构   (b) 做浮点加   (c) 做定点乘

图 3.2   TI ASC 机多功能流水线结构及功能

(2) 按是否为线性,可分为两种。

① 线性流水线(linear pipeline)   它是指每个功能模块只有一次数据通过的流水线。

② 非线性流水线(nonlinear pipeline)   它是指某些模块有反馈回路或前馈回路的流水线,如图3.3所示。

非线性流水线与线性流水线的区别如下:

- 非线性流水线有反馈回路或前馈回路,或两者兼有。

- 非线性流水线执行一条指令时,各功能模块不是都执行一次。

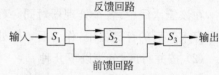

图 3.3   非线性流水线结构

- 表示非线性流水线除连接图外,还需有预约表一起来说明;线性流水线其预约表是确定的,而非线性流水线可对应多张预约表。

- 非线性流水线的输出端不一定是最后模块。

(3) 在多功能流水线中,按在同一时间内是否能实现多种功能来分又可分为两种。

① 静态流水线(static pipeline)   它是指在同一时间内,多功能流水线的各功能模块只能按一种固定方式连接,实现一种固定功能的流水线。其特点是,一个时刻只能有一种组合形式,如 TI ASC 机在做浮点加,应按图 3.2(b)组合;若浮点加没有执行完,运算器不能改为其他组合。优点是控制较简单,缺点是运算效率不高。

② 动态流水线(dynamic pipeline)   它是指同一时间内,多功能流水线的各功能模块可根据多种运算需要,连接成多种方式,同时能执行多种功能的流水线。其特点是,各功能模

块可以做到在同一时间内,某些功能模块正在实现某种运算(如浮点加)时,而另一些功能模块却在实现另一种运算(如定点乘)。优点是效率和功能模块利用率比静态流水线要高,缺点是相关控制复杂。

目前,采用静态流水线的处理机居多。

3. 流水线级别

(1) 按功能部件分为 3 个级别。

① 处理机级流水线 它也叫指令流水线(instruction pipeline)。这种级别的流水线是把一条指令的执行过程,分为多个子过程,每个子过程在一个独立的功能部件中完成。如在所谓先行控制器中,一条指令的执行过程可分为 5 个子过程,如图 3.4 所示。

图 3.4 先行控制器流水线

② 功能部件级流水线 它也叫运算流水线(arithmetic pipeline),如加法流水线和乘法流水线等。

③ 多处理器流水线 它也叫宏流水线(macro pipeline)。这种流水线是由多个处理器通过存储器串行连接起来的流水线,如图 3.5 所示。

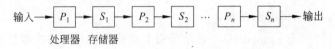

图 3.5 多处理器流水线示意图

在该流水线中,各个处理器对同一数据流的不同部分进行处理。前一个处理器的处理结果存入其后的存储器中,作为后一个处理器的输入数据。

(2) 按并行度,分为以下几种。

① 超标量流水线(superscalar pipeline) 这是指一个时钟周期内可同时发射多条指令的流水线。可以说,超标量流水线采用的是空间上的并行性。

② 超流水线(super pipeline) 这是指一个时钟周期内可同时执行多条指令的流水线。超流水线采用的是时间上的并行性。

③ 超标量超流水线(superpipeline superscalar pipeline) 这是时间上与空间上均并行的流水线。

上述 3 种流水线与一般的单发射流水线的时空图如图 3.6 所示。

其中,图 3.6(a)表示单发射流水线执行 3 条指令(I_1,I_2 和 I_3)的情况,每条指令的 4 个子过程(取指 IF、译码 ID、执行 EX 和写回 WR)都是在一个时钟周期内完成。单发射流水线的设计目标是每个时钟周期平均执行一条指令,即它的指令级并行度的期望值为 1。图 3.6(b)表示在一个时钟周期内能同时发射 3 条指令的超标量流水线。为实现这样的功能,该流水线的取指、译码、执行和写回这 4 个部件都应各有 3 套。图 3.6(c)表示一个时钟周期内可同时执行 3 条指令的超流水线。图 3.6(d)表示超标量超流水线。

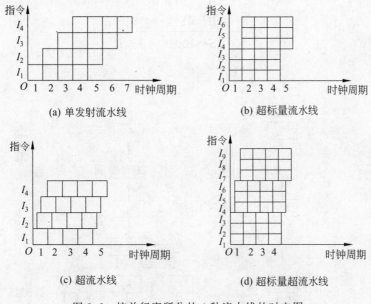

(a) 单发射流水线

(b) 超标量流水线

(c) 超流水线

(d) 超标量超流水线

图 3.6 按并行度所分的 4 种流水线的时空图

3.2 流水线结构

这里介绍运算功能流水线和执行指令的两种流水线的结构。

1. 运算流水线结构

以浮点加和乘法流水线为例,介绍运算流水线的结构。

(1) 浮点加流水线 其结构框图如图 3.7 所示。

对该图做如下 5 点说明。

- 浮点加法分 3 步完成,即对阶、求尾和和规格化这 3 步。
- 流水线由 4 个功能段实现上述 3 步。4 个功能段分别是求阶差、尾右移、求尾和和规格化。
- 图中的 R_i 为锁存器,作为本功能段的输出锁存和下一功能段的输入来源。
- 流水线中有几处要进行逻辑或运算。这几处是 R_3、右移位器、R_6 和 R_9。
- 右移位器的工作原理是根据 R_3 的内容移动尾数,即把尾数右移(R_3)位,移出的部分存放在 R_8 中。

(2) 乘法流水线 乘法运算归根结底是做加法运算,因此先介绍两种乘法流水线中所使用的加法器。

① 进位传送加法器(carry-propagation adder, CPA) 其功能是把两个 n 位二进制数相加,产生算术和,同时产生一位向高位的进位,故又叫先行进位加法器。其符号图如图 3.8(a)所示。

图中,A、B 是参加运算的两个 n 位二进制数。例如,$n=4$,$A=1011$,$B=0111$,那么,该加法器的运算功能如下:

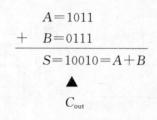

$$A = 1011$$
$$+ \quad B = 0111$$
$$\overline{S = 10010 = A + B}$$

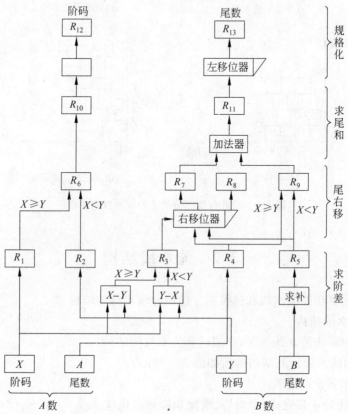

图 3.7 浮点加流水线的逻辑结构图

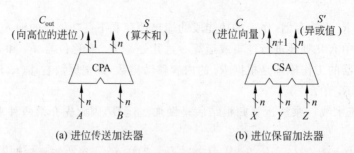

图 3.8 两种加法器符号图

② 进位保留加法器(carry-save adder,CSA) 其功能是对 3 个 n 位数进行异或运算;同时求出这 3 个数的进位向量,暂时保留;其算术和需下一级加法器求出,故又叫伪加法器。其符号图如图 3.8(b)所示。

图中,X、Y、Z 为 3 个 n 位二进制数,假如,$n=6$,$X=001011$,$Y=010101$,$Z=111101$,那

么,该加法器的运算功能如下:

$$X=001011$$
$$Y=010101$$
$$\oplus \quad Z=111101$$
$$\overline{\qquad S'=100011}$$
$$+ \quad C=111010$$
$$\overline{\qquad S=1011101=S'+C=X\oplus Y\oplus Z}$$

③ 乘法流水线　使用 CSA 和 CPA 就可以组成乘法流水线,如图 3.9 所示。

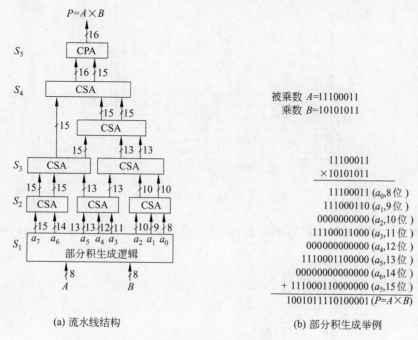

被乘数 A=11100011
乘数 B=10101011

11100011
×10101011

11100011 (a_0,8 位)
111000110 (a_1,9 位)
0000000000 (a_2,10 位)
11100011000 (a_3,11 位)
000000000000 (a_4,12 位)
1110001100000 (a_5,13 位)
00000000000000 (a_6,14 位)
+ 111000110000000 (a_7,15 位)
1001011110100001 ($P=A\times B$)

(a) 流水线结构　　　　　　　(b) 部分积生成举例

图 3.9　乘法流水线的逻辑结构图

对流图做如下 6 点说明。

- 该流水线可实现两个 8 位二进制数相乘运算。
- 功能段 S_1 产生 8 个部分积,分别是 8 位的 a_0,9 位的 a_1、10 位的 a_2、11 位的 a_3、12 位的 a_4、13 位的 a_5、14 位的 a_6 和 15 位的 a_7。
- 功能段 S_2 用 3 个 CSA 把 8 个部分积合并为 6 个数。
- 功能段 S_3 用 2 个 CSA 把 6 个数合并为 4 个数。
- 功能段 S_4 用 1 个 CSA 把 3 个数合并为 2 个数。
- 功能段 S_5 用 1 个 CPA 产生一个 16 位的积。

2. 执行指令流水线

流水线处理机不仅运算部件是以流水线方式工作的,而且它的指令部件也是以流水线方式工作的。例如,一个七段执行指令流水线其组织如图 3.10 所示。

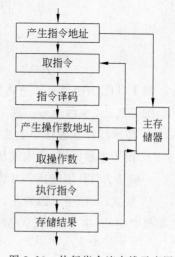

图 3.10　执行指令流水线示意图

3.3　线性流水线的性能分析

表示流水线性能的主要参数有吞吐率、加速比和效率,这里介绍这 3 个参数。

1. 吞吐率(throughput rata,TP)与最佳段数

(1) 定义　流水线的吞吐率是指其单位时间所处理的指令条数。

(2) 公式　利用流水线时空图很容易推出吞吐率的计算公式。k 功能段流水线执行 n 条指令的时空图如图 3.11 所示。

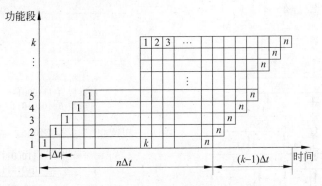

图 3.11　k 段流水线的时空图

假定每个功能段的执行时间均为 Δt,从时空图不难看出,执行 n 条指令的时间 T_n 为

$$T_n = (n+k-1)\Delta t$$

于是,吞吐率 $\mathrm{TP} = \dfrac{指令条数}{执行时间}$

$$= \frac{n}{(n+k-1)\Delta t} \tag{3.1}$$

(3) 吞吐率的最大值　当 $n \gg k$ 时,可求出吞吐率的最大值 $\mathrm{TP_{max}}$,即

$$\mathrm{TP_{max}} = \lim_{n \to \infty} \frac{n}{(n+k-1)\Delta t}$$

$$= \lim_{n \to \infty} \frac{1}{\left(1 + \dfrac{k-1}{n}\right)\Delta t} = \frac{1}{\Delta t} \tag{3.2}$$

对于 $\mathrm{TP_{max}}$,应该有如下认识。

① $\mathrm{TP_{max}}$ 实际上是实现不了的。主要原因如下:

* 流水线存在着指令上线时间和排空时间;
* 由于多种原因,流水线执行的任务很难做到连续进行。

一般认为 TP 值能达到 $\mathrm{TP_{max}}$ 的 1/3 就算不错了。

② 从式(3.2)中可以看出,Δt 的值越小,$\mathrm{TP_{max}}$ 的值就越大,那么是不是 Δt 越小越好呢? 答案是否定的,这一点,可从 Δt 与 k 的关系式

$$\Delta t = \frac{指令周期}{k} \tag{3.3}$$

分析入手。

从该式可以看出，Δt 的值变小，k 值就要变大，即增加功能段的数目。而在流水线上，每个功能段的后面都必须设有一个锁存器；功能段的增加，就意味着锁存器数目的增加，这样，锁存器的总延迟时间就会增加，致使流水线执行速度下降。从另一方面看，锁存器个数的增加，会造成流水线成本的增加。因此，设计流水线时，分段不宜过多，要根据最佳性能价格比来选择最佳段数。

③ TP 的实际值　一般情况下，流水线中各功能段的执行时间是不会完全相等的。在这种情况下，流水线的吞吐率应按下式计算：

$$TP = \frac{n}{\sum_{i=1}^{k} \Delta t_i + (n-1) \max_{i=1\sim k}(\Delta t_i)} \tag{3.4}$$

式中，Δt_1、Δt_2、$\cdots$、Δt_k 分别为第一功能段至第 k 功能段的执行时间，$\sum_{i=1}^{k} \Delta t_i$ 是流水线完成第 1 条指令所用时间，$(n-1)\max_{i=1\sim k}(t_i)$ 是完成其余 $n-1$ 条指令所用时间。

这时，流水线的最大吞吐率为

$$TP_{max} = \frac{1}{\max_{i=1\sim k}(\Delta t_i)} \tag{3.5}$$

（4）最佳性能价格比和段数　设指令周期为 t_0，每个锁存器的延迟时间为 d，则流水线的最大吞吐率为

$$TP'_{max} = \frac{1}{t_0/k + d} \tag{3.6}$$

如果所有功能段的总成本为 a，b 为每个锁存器的成本，那么流水线的总成本为

$$c = a + bk \tag{3.7}$$

这样，根据 A. G. Larson 的流水线性能价格比的定义，便有

$$PCR = \frac{TP'_{max}}{c} = \frac{1}{t_0/k + d} \cdot \frac{1}{a + bk} \tag{3.8}$$

对此式求导，得到一个大于 0 的极值，该值就是最佳性能价格比。这时的 k 值就是最佳段数 k_0，其值为

$$k_0 = \sqrt{\frac{t_0 a}{db}} \tag{3.9}$$

目前，一般处理机的流水线功能段数为 2~10，极少有超过 15 段的流水线。有时把 8 段及其以上的流水线称为超流水线，而把具有这样流水线的处理机称为超流水线处理机。Pentium 4 就是这样的处理器，它具有 20 段的流水线。

（5）提高吞吐率的方法　主要方法如下：

① 采用快速部件　如快速多位移位线路。

② 改进流水线结构，解决瓶颈（bottle neck）　流水线中执行时间最长的功能段就是影响流水线吞吐率提高的瓶颈，解决方法有以下两种。

- 分解瓶颈功能段　就是把瓶颈功能段分解为几个功能段，如图 3.12(b)所示。图中的方块表示流水线的功能段，其中的数字代表着功能段的序号，其下方为执行时间。原流水线的第 2 段为瓶颈，如图 3.12(a)所示。图 3.12(b)表示把瓶颈分解为 3 个

串行的功能段,去掉了瓶颈。

- 重复瓶颈功能段　如图 3.12(c)所示。其解决瓶颈的方法是,在 1 号功能段的后面设有数据分配器,负责把连续的 3 个任务分别分配给 2-1、2-2 和 2-3 这 3 个功能段,并行执行;而在 3 号功能段的前面设有数据收集器,其功能是依次从 2-1、2-2 和 2-3 这 3 个功能段收集它们的处理结果,并分时传送给 3 号功能段。

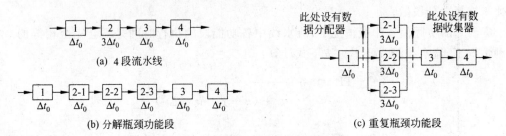

图 3.12　解决流水线瓶颈的方法

2. 加速比(speedup)

(1) 定义　顺序执行某任务所用时间 T_0 与流水线执行所用时间 T_k 之比,称做流水线的加速比,记作

$$S = \frac{T_0}{T_k} \qquad (3.10)$$

(2) 公式　在各功能段执行时间均相等时,加速比的公式为

$$S = \frac{nk\Delta t}{(k+n-1)\Delta t} \qquad (3.11)$$

式中,k 为流水线的功能段数,n 为指令条数,Δt 为每功能段的执行时间。于是,$k\Delta t$ 就是指令周期,$nk\Delta t$ 为顺序执行 n 条指令所需的时间;而 $(k+n-1)\Delta t$ 为 k 段流水线执行 n 条指令所需时间。

这时,加速比 S 的最大值为

$$\begin{aligned}
S_{max} &= \lim_{n \to \infty} \frac{kn}{k+n-1} \\
&= \lim_{n \to \infty} \frac{k}{\frac{k}{n}+1-\frac{1}{n}} = k
\end{aligned} \qquad (3.12)$$

可见,当 $n \gg k$,且流水线各功能段执行时间 Δt 相等时,流水线的最大加速比为流水线的功能段数。

(3) 实际值　实际上,$n \gg k$ 和各功能段执行时间 Δt 相等这两个前提,在一般情况下,难以达到。这时,加速比的值为

$$S = \frac{n \cdot \sum_{i=1}^{k} \Delta t_i}{\sum_{i=1}^{k} \Delta t_i + (n-1) \cdot \max_{i=1 \sim k}(\Delta t_i)} \qquad (3.13)$$

式中,Δt_i 为第 i 功能段的执行时间,$\max_{i=1 \sim k}(\Delta t_i)$ 是取各功能段执行时间的最大值。

3. 效率(efficiency)

(1) 定义　用来表示流水线的设备利用率,用时空值定义。即 n 条指令所占用时空值

与 k 个功能段总的时空值之比为流水线的效率,用 E 来表示。

(2) 公式 实际上,n 条指令所占用的时空值就是顺序执行 n 条指令所使用的总时间 T_0,而一条 k 段流水线完成 n 条指令的总时空为 $k \cdot T_k$(T_k 为流水线完成 n 条指令所用的总时间),因此,一条 k 段流水线的效率为

$$E = \frac{n \text{ 条指令占用的时空}}{k \text{ 段流水线完成 } n \text{ 条指令的总时空}}$$

$$= \frac{T_0}{k T_k} \tag{3.14}$$

(3) 最大值 在流水线各段执行时间 Δt 均相等,且 n 条指令连续执行的情况下:

$$E = \frac{nk\Delta t}{k(k+n-1)\Delta t} = \frac{n}{k+n-1} \tag{3.15}$$

E 的最大值为

$$E_{\max} = \lim_{n \to \infty} \frac{1}{\dfrac{k}{n} + 1 - \dfrac{1}{n}} = 1 \tag{3.16}$$

由此可见,当 $n \gg k$,且各段 Δt 相等时,流水线的效率达到了最大值 1。这时,流水线的各段均处于忙状态。从时空图上看,每一段都是有效的。

(4) 实际值 一般来说,流水线各段的执行时间均相等是很难做到的。当各功能段的执行时间不相等时,E 的实际值为

$$E = \frac{n \cdot \displaystyle\sum_{i=1}^{k} \Delta t_i}{k \left(\displaystyle\sum_{i=1}^{k} \Delta t_i + (n-1) \cdot \max_{i=1 \sim k}(\Delta t_i) \right)} \tag{3.17}$$

(5) E 与 TP 和 S 的关系 由以上所推出的公式可以看出,它们有如下关系:

$$E = \text{TP} \cdot \Delta t \tag{3.18}$$

$$E = \frac{S}{k} \tag{3.19}$$

4. 流水线性能分析举例

【例 3.1】 在一条单功能、线性 4 段浮点加流水线上,若实现 4 个浮点数相加,在输入任务不要求顺序累加的情况下,试计算 TP、S 和 E。

解 假定该流水线 4 段的执行时间均相同,设为 Δt,则顺序累加 4 个浮点数(A、B、C 和 D)的时空图如图 3.13 所示。

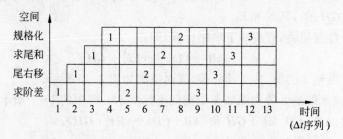

图 3.13 4 段浮点加流水线实现 4 个浮点数相加的时空图

图 3.13 中,第 1 个任务实现 $A+B$,第 2 个任务实现 $(A+B)+C$,第 3 个任务实现 $((A+B)+C)+D$。

即

① $A+B$。

② $(A+B)+C$。

③ $((A+B)+C)+D$。

从图 3.13 可以看出,完成这 3 个任务所需的时间 T_0 为

$$T_0 = 4\Delta t \times 3 = 12\Delta t$$

显然,顺序累加方法的设备利用率很低。若把运算 $((A+B)+C)+D$ 改为 $(A+B)+(C+D)$,即不用顺序累加的方法,时空图如图 3.14 所示。

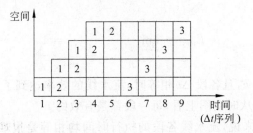

图 3.14 按 $(A+B)+(C+D)$ 方法运算的时空图

这时,3 个任务分别为:

① $A+B$。

② $C+D$。

③ $(A+B)+(C+D)$。

执行时间 $T_k = 9\Delta t$。

因此,按题意,有

$$\text{TP} = \frac{n}{T_k} = \frac{3}{9\Delta t} \approx 0.33 \frac{1}{\Delta t}$$

$$S = \frac{T_0}{T_k} = \frac{12\Delta t}{9\Delta t} \approx 1.33$$

$$E = \frac{T_0}{kT_k} = \frac{12\Delta t}{4 \times 9\Delta t} \approx 0.33$$

【例 3.2】 试用 TI ASC 机的多功能 8 段静态流水线计算两个向量的点积,即 $Z = AB + CD + EF + GH$ 的 TP、S 和 E。

解 为减少数据相关,应按如下顺序计算,即:

$$Z = (AB + CD) + (EF + GH)$$

此运算需做 4 次乘和 3 次加,共 7 项任务,其时空图如图 3.15 所示。

TI ASC 机流水线的 8 段功能如图中空间坐标所示。图中的 1～7 所示 7 项任务分别为 $AB, CD, EF, GH, AB+CD, EF+GH$ 和 $(AB+CD)+(EF+GH)$。

根据已知公式,可得:

$$\text{TP} = \frac{n}{T_k} = \frac{7}{20\Delta t} = 0.35 \frac{1}{\Delta t}$$

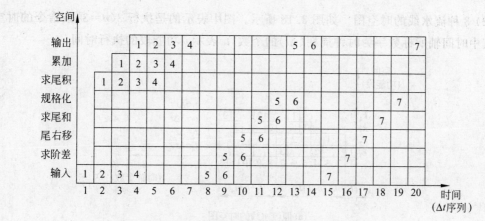

图 3.15　执行 $(AB+CD)+(EF+GH)$ 运算的时空图

$$S = \frac{T_0}{T_k} = \frac{(4 \times 4 + 6 \times 3)\Delta t}{20\Delta t} = \frac{34}{20} = 1.7$$

$$E = \frac{T_0}{kT_k} = \frac{34\Delta t}{8 \times 20\Delta t} \approx 0.21$$

从该例可以看出,多功能流水线的效率并不高,其原因不外乎如下 3 点。

- 多功能流水线在做某一运算时,总有一些功能模块闲置。
- 存在数相关时,必须等前面的运算执行完毕后,才能进行后面的运算。
- 改变功能时,必须等前面的功能执行完毕后,才能改为下一种功能连接。例如,该例中第 5 项任务,必须等第 4 项任务执行完毕后,改动流水线连接后才能进行。

【例 3.3】　一条流水线有 4 个功能段,各段的执行时间依次为 Δt、$3\Delta t$、Δt、Δt,如图 3.16 所示。

(1) 画出两种解决瓶颈的流水线结构图;

(2) 画出该流水线及其改进后两种流水线执行

指令的时空图;

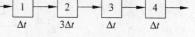

图 3.16　4 功能段流水线

(3) 计算上述 3 种流水线执行 5 条、100 条、1000 条指令的吞吐率和效率。

解

(1) 该流水线的瓶颈是第 2 功能段,改进后的两种流水线结构,如图 3.17 所示。

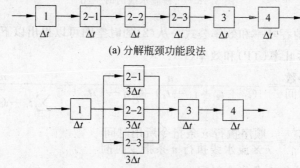

(a) 分解瓶颈功能段法

(b) 重复瓶颈功能段法

图 3.17　改进后的流水线结构

（2）3 种流水线的时空图　如图 3.18 所示。图中表示的是执行 3($n=3$)条指令的时空图。其中时间轴所标数字为时钟周期(Δt)的个数，t_i 表示 i 功能段的执行时间。

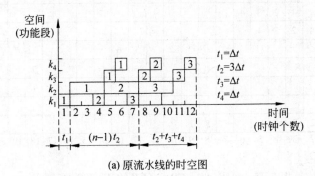

(a) 原流水线的时空图

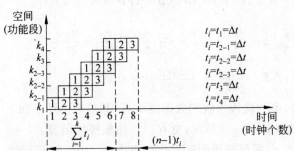

(b) 分解瓶颈功能段法的时空图

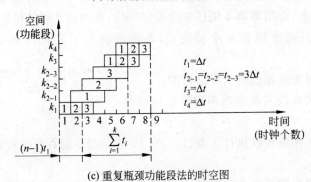

(c) 重复瓶颈功能段法的时空图

图 3.18　三种流水线的时空图

（3）3 种流水线的吞吐率和效率公式　从（2）的时空图可以得出以下结果。

① 原流水线的吞吐率(TP)和效率(E)：

- $$TP = \frac{指令条数}{执行时间} = \frac{n}{(t_1 + t_2 + t_3 + t_4) + (n-1)t_2} = \frac{n}{\sum\limits_{i=1}^{K} t_i + (n-1)t_2}$$

- $$E = \frac{占用时空}{总时空} = \frac{顺序执行\ n\ 条指令所用时间}{k \times 流水线执行\ n\ 条指令时间}$$

$$= \frac{n \times 执行\ 1\ 条指令时间}{k \times 流水线执行\ n\ 条指令时间}$$

$$= \frac{n \times \sum_{i=1}^{k} t_i}{k \times \left(\sum_{i=1}^{k} t_i + (n-1)t_2 \right)}$$

② 分解瓶颈功能段流水线的吞吐率(TP)和效率(E):

• $\mathrm{TP} = \dfrac{指令条数}{执行时间}$

$$= \frac{n}{\sum_{i=1}^{k} t_i + (n-1)t_i}$$

• $E = \dfrac{n \times 执行 1 条指令时间}{k \times 流水线执行 \, n \, 条指令时间}$

$$= \frac{n \times \sum_{i=1}^{k} t_i}{k \times \left(\sum_{i=1}^{k} t_i + (n-1)t_i \right)}$$

③ 重复瓶颈功能段流水线的吞吐率(TP)和效率(E):

• $\mathrm{TP} = \dfrac{n}{\sum_{i=1}^{k} t_i + (n-1)t_1}$

• $E = = \dfrac{n \times \sum_{i=1}^{k} t_i}{k \times \left(\sum_{i=1}^{k} t_i + (n-1)t_i \right)}$

根据以上公式,可计算出 3 种流水线执行 5 条、100 条和 1000 条指令的吞吐率和效率,如表 3.1 所示。

表 3.1　流水线吞吐率和效率与连续执行指令条数的关系

流水线	执行 5 条		执行 100 条		执行 1000 条	
	吞吐率	效率	吞吐率	效率	吞吐率	效率
原流水线	$\dfrac{5}{18\Delta t}$	$\dfrac{5}{12}$	$\dfrac{100}{303\Delta t}$	$\dfrac{50}{101}$	$\dfrac{1000}{3003\Delta t}$	$\dfrac{500}{1001}$
分解功能段流水线	$\dfrac{1}{2\Delta t}$	$\dfrac{1}{2}$	$\dfrac{20}{21\Delta t}$	$\dfrac{20}{21}$	$\dfrac{200}{201\Delta t}$	$\dfrac{200}{201}$
重复功能段流水线	$\dfrac{1}{2\Delta t}$	$\dfrac{1}{2}$	$\dfrac{20}{21\Delta t}$	$\dfrac{20}{21}$	$\dfrac{200}{201\Delta t}$	$\dfrac{200}{201}$

从表 3.1 可以看出如下 3 点。

① 对于流水线,连续执行的指令越多,其吞吐率和效率就越好。

② 两种流水线瓶颈改进结构的吞吐率和效率的提高程度是相同的。

③ 改进后的流水线,不论是分解瓶颈功能段法,还是重复瓶颈功能段法,当连续执行指令较少时(如 5 条指令),它们的吞吐率从 $\dfrac{5}{18\Delta t}$ 提高到 $\dfrac{9}{18\Delta t}$,效率从 $\dfrac{5}{12}$ 提高到 $\dfrac{6}{12}$,都有所

提高。当连续执行指令较多时,吞吐率和效率都有较大的提高。

习　题

3.1　一段 15000 条指令的程序在时钟频率为 25MHz 的线性流水线处理机上执行。假定该流水线为 5 段,且每个时钟周期发射一条指令(忽略转移指令和无序执行造成的损失)。求该流水线的加速比、吞吐率和效率。

3.2　假设指令的执行过程分取指令、分析和执行 3 步,3 步所用时间分别为 $3\Delta t$、$2\Delta t$ 和 Δt,计算下列 3 种情况下,执行 50 条指令所用的时间。

① 顺序执行方式。

② 仅执行 i 与取指 $i+1$ 重叠。

③ 仅执行 i、分析 $i+1$ 和取指 $i+2$ 重叠。

3.3　某流水线有 4 个功能段,它们的执行时间如图 3.19 所示。

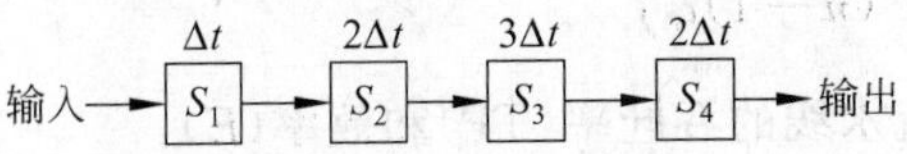

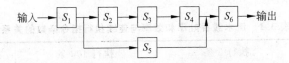

图 3.19　4 段流水线

求该流水线上分别连续输入 3 条指令和 20 条指令时的吞吐率和效率。

3.4　一个静态双功能流水线由 6 个功能段组成,如图 3.20 所示。其中,S_1、S_5 和 S_6 段组成加法流水线,S_1、S_2、S_3、S_4 和 S_6 段组成乘法流水线。假定每个功能段的延时为 Δt,求在流水线上执行 $\prod\limits_{i=1}^{4}(A_i+B_i)$ 的吞吐率和效率(设数据已从主存中取出,输出数据可直接返回输入)。

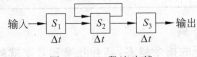

图 3.20　双功能流水线

3.5　一条流水线有 3 个功能段,每段的延迟均为 Δt。其中,段 S_2 的输出又返回到它自己输入端循环一次,如图 3.21 所示。

① 若每间隔一个 Δt 向流水线的输入端输入一个新任务,问流水线会发生什么情况?

② 求这条流水线能正常工作的最大吞吐率、加速比和效率。

图 3.21　3 段流水线

第4章 流水线的相关处理技术

本章介绍流水线的相关问题及其处理技术。

4.1 流水作业的相关问题和冒险

流水作业会遇到两种相关问题,即局部性相关和全局性相关。

1. 局部性相关(local correlation)

局部性相关是指程序模块内部出现的相关,包括数据相关和资源相关。

(1) 数据相关(data dependence) 数据相关是指语句(指令)之间由变量的相互关系所引发的相关。根据语句间的相互关系,数据相关可以分为如下5种。

① 流相关 若语句 S_1 的输出变量正好是 S_1 后面的语句 S_2 的输入变量,则语句 S_2 与语句 S_1 就是流相关,记作 $S_1 \rightarrow S_2$。

② 反相关 若语句 S_2 在语句 S_1 后面,而 S_2 的输出变量正好是 S_1 的输入变量,则语句 S_2 与语句 S_1 为反相关,记作 $S_1 \nrightarrow S_2$。

③ 输出相关 若两条语句 S_1 和 S_2 产生同一个输出变量,则 S_1 与 S_2 就是输出相关,记作 $S_1 \multimap S_2$。

④ I/O 相关 I/O 相关是指两条 I/O 语句 S_1 和 S_2 都引用同一个文件,记作 $S_1 \xrightarrow{I/O} S_2$。

⑤ 未知相关 未知相关是指两条语句之间的相关关系不能确定的情况。

【例 4.1】 4条指令如下,请画出指令相关图(dependence graph)。

S_1: Load R_1, A /$R_1 \leftarrow$ memory(A)

S_2: Add R_2, R_1 /$R_2 \leftarrow (R_1) + (R_2)$

S_3: Move R_1, R_3 /$R_1 \leftarrow (R_3)$

S_4: Store B, R_1 /memory $B \leftarrow (R_1)$

解 使用相关符号,把 4 条指令的关联情况表示出来,便形成相关图,如图 4.1 所示。

数据相关是一种局部级关系(partial ordering relation),并不是每一对语句(指令)都是相关联的。例如,上例中,S_2 和 S_4 这两条指令就不相关。

(2) 资源相关(resource dependence) 它是指某些指令要求共享资源所发生的冲突。常见的资源相关有以下两种。

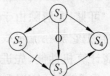

图 4.1 指令相关图

① ALU 相关 它是指冲突资源为 ALU 的相关。

② 存储器相关(storage dependence) 它是指冲突资源为存储器的相关。

【例 4.2】 画出下列程序的相关图,并指出资源相关情况。

S_1 : Load $\quad R_1$,M(100)

S_2 : Move $\quad R_2$,R_1

S_3 : Inc $\quad R_1$

S_4 : Add $\quad R_2$,R_1

S_5 : Store $\quad$ M(100),R_1

解

(a) 根据所给指令画出该程序的相关图,如图 4.2 所示。

(b) 找出资源冲突,即得资源相关:

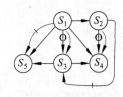

图 4.2 程序相关图

- S_3 和 S_4 为 ALU 相关;
- S_1 和 S_5 为存储器相关。

2. 全局性相关(overall correlation)

全局性相关是指程序模块之间的相关。这种相关是由转移指令,尤其是条件转移指令、中断等引起的相关。例如,第 l 条指令为条件转移指令,而条件码需要由第 $l-1$ 条指令给出,因此,要等第 $l-1$ 条指令执行完毕,才能确定第 l 条指令是否实现转移。这时流水作业将产生全局性相关,这是因为该转移指令与其后所有指令都相关。

3. 流水线冒险

所谓流水线冒险是指由于流水线的相关问题所引起的指令无法在既定的时钟周期内执行的现象,它会降低流水线的性能。根据流水线的相关问题,流水线存在如下 3 种冒险(hazard)。

(1) **数据冒险(data hazard)** 它是指由于指令执行顺序安排不当,而造成读出或写入结果发生错误的现象。假定 i 指令领先于 j 指令执行,按数据读写顺序的不同,可产生如下 3 种数据冒险。

① **写后读(RAW)冒险** i 指令还没有把数据存放好,j 指令就对该数据进行读取,结果读出错误数据。这种冒险(简称写读冒险)是最常见的数据冒险。

② **写后写(WAW)冒险** j 指令抢先在 i 指令要存放数据的存储空间写入数据。这样,该存储空间本应是 j 指令所写的结果,而实际留下的却是 i 指令所写的数据。这种冒险(简称写写冒险)仅仅发生在如下两种情况:

- 流水线中存在着多个写功能段;
- j 条指令被暂停后,后面的指令继续在流水线上执行。

可见,要清除由于 WAW 所产生的冒险并不难。只要把流水线设计成只有一个写功能段,且把它放在流水线的最后;一条指令被暂停,其后的指令也暂停,就能避免这种冒险。为提高计算机性能,先进计算机的写功能段是把指令执行结果写回 CPU 的寄存器中。

③ **读后写(WAR)冒险** j 指令抢先在 i 指令读数据之前,在 i 指令要读数据的存储空间写入数据,致使 i 指令所读出的数据是错误的。这种冒险简称读写冒险。因为流水功能段的设置一般是先读后写,所以,这种冒险很少发生。但某些支持地址自增的复杂指令系统计算机,其读取操作数的功能段设置在流水线的尾部,就有可能出现这种冒险。把读取所有操作数的操作设置在指令译码功能段,就能避免这种冒险。尽管如此,指令的执行顺序也不要轻易变动,否则,仍会发生这种冒险。

注意：读后读（RAR）冒险，简称读读冒险是不会发生的。这是因为无论 i 指令和 j 指令是读取同一个存储空间的数据，还是不同存储空间的数据，也不管 i 指令和 j 指令哪个首先读取，只要存储空间的内容没有变动就不会发生读取错误。

（2）结构冒险　它是指某种指令组合所造成的资源冲突现象，也称资源冒险。造成结构冒险的原因，常见的有如下两种。

① 流水线上部分功能部件运行不正常，致使一些指令不能按正常节拍执行。

② 某些资源没有充分重复设置，这样，当若干条指令要求同时执行时，就得不到满足。例如，寄存器堆只有一个写入端口的计算机，就不能实现一个时钟周期内完成两次写入操作，这样就会产生一个结构冒险。

（3）控制冒险　它是指流水线中的转移指令或其他能改写 PC 内容的指令所造成的冒险。

4.2　流水线局部相关的处理技术

流水线局部相关的处理技术，指的就是解决数据冒险和结构冒险所运用的方法。

1. 解决数据冒险的方法

从以上关于数据相关和数据冒险的分析，可以看到，数据相关的指令，如果它们的执行顺序安排不当，就有可能产生数据冒险。这里，介绍解决数据冒险的方法和技术。

（1）解决数据冒险的方法有如下两种。

① 顺序流动法　假定指令流 i_0、i_1、i_2、…运行在含有取指令（IF）、指令译码/读寄存器（ID）、执行/生成有效地址（EX）、访问存储器（MEM）和写回寄存器（WB）这 5 个功能段的流水线上，如图 4.3（a）所示。如果 i_1 指令在第 2 功能段要从寄存器中读取操作数，它所读的寄存器，正好是 i_0 指令所写回数据的寄存器，而此时 i_0 指令还没有从 WB 功能段经过，这样，i_1 指令从该寄存器中读取的数据，就不是 i_0 指令所写回的数据，即产生了写后读冒险。

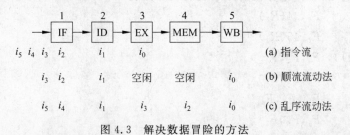

图 4.3　解决数据冒险的方法

为解决这种冒险，必须在 i_0 指令经过第 5 功能段后，i_1 才经过第 2 功能段，只有这样，i_1 指令所读取的数据，才是 i_0 所写的数据。这就要求 i_1 及其后面的指令要推后执行，如图 4.3（b）所示。这种为解决数据冒险，而使相关指令及其后面指令顺序后延执行的方式，被称为顺序流动法。

这种执行方法的优点是控制逻辑简单，缺点是执行效率比较低。

② 乱序流动法　从图 4.3（b）可以看出，顺序流动法之所以执行效率比较低，是因为 i_1 指令在等待 i_0 指令经过第 5 功能段的过程中，造成了第 3、4 两个功能段的空闲。如果只让 i_1 指令在第 2 功能段等待，而把 i_2、i_3 指令提前到 i_1 指令前执行，如图 4.3（c）所示，就可以提高流水线执行指令的效率。因为这种执行方式打乱了指令流的原执行顺序，所以被称为

乱序流动法。

乱序流动法的优点是执行效率比较高。其缺点有两个：一是控制逻辑复杂；二是会产生新的数据冒险。

(2) 流水线动态调度指令的记分板技术。

① 动态调度指令的概念　该概念是为解决指令在流水线上执行过程中出现的数据冒险问题，相对于静态调度而提出来的。在静态调度中为避免冒险，减少指令暂停，只是通过编译把相关指令分离开来执行而已。而动态调度是采用硬件技术来调整指令的执行顺序，以减少指令暂停对流水线性能所带来的影响。动态调度法具有如下优点。

- 不仅可以通过译码器来检测指令的相关关系，而且还可以及时处理译码阶段未发现的相关关系。
- 可以简化译码器设计。
- 可以变指令的顺序流动为乱序流动，从而提高流水线性能。

其代价就是增加了硬件设计的复杂程序。

② 记分板技术　该技术为 CDC 6600 机所使用，其名字就来自于该机。CDC 6600 机具有 16 个单独的功能部件，其中包括 4 个浮点部件，5 个访存部件和 7 个定点部件。

- 使用记分板的目的　CDC 6600 机使用记分板的目的是，在没有资源冲突的前提下，使每一条指令尽可能早地执行，以使其流水线保持着每个时钟周期执行一条指令的执行速率，而当某条将要执行的指令被暂停时，其他无相关问题的指令可以发射并执行，即可以实现指令的乱序流动。
- 记分板的构成　记分板由指令状态表、功能部件状态表和寄存器状态表这 3 张状态表组成。其中指令状态表记录着已经发射或即将发射的指令在流水线上所处的位置，功能部件状态表和寄存器状态表记录的是与指令状态表相对应的各功能部件和目标寄存器的工作状态。例如，执行如下 6 条指令，当第 2 条 LD 指令已执行完毕，但还没有写回时，记分板的 3 个表的状态如表 4.1～表 4.3 所示。

LD　　　　$F_6, 34(R_2)$
LD　　　　$F_2, 45(R_3)$
MULTD　　F_0, F_2, F_4
SUBD　　　F_8, F_6, F_2
DIVD　　　F_{10}, F_0, F_6
ADDD　　　F_6, F_8, F_2

表 4.1　指令状态表

指　令	功　能　段			
	发射	读操作数	执行	写回
LD　$F_6, 34(R_2)$	√	√	√	√
LD　$F_2, 45(R_3)$	√	√	√	
MULTD　F_0, F_2, F_4	√			
SUBD　F_8, F_6, F_2	√			
DIVD　F_{10}, F_0, F_6	√			
ADDD　F_6, F_8, F_2				

表 4.2　功能部件状态表

部件名	忙	操作	F_i	F_j	F_k	Q_j	Q_k	R_j	R_k
定点部件	是	Load	F_2	F_3				否	
乘法器 1	是	Mult	F_0	F_2	F_4	定点		否	是
乘法器 2	否	未用							
加法器	是	Sub	F_8	F_6	F_2		定点	是	否
除法器	是	Div	F_{10}	F_0	F_6	乘法 1		否	是

表 4.3　寄存器状态表

目标寄存器	F_0	F_2	F_4	F_6	F_8	F_{10}	F_{12}	…	F_{30}
功能部件	乘法器 1	定点部件			减法器	除法器			

　　表 4.1 给出了流水线的 4 个功能段,其中发射段和读操作数段是构成译码的两个阶段。发射段用来译码和检测资源冒险情况,读操作数段用来监视源操作数的可用性,等到不存在数据冒险时,就读取操作数。该表表明了由于第 2 条 LD 没有完成写回功能,即 F_2 中的值没有准备好,而且 MOLTD 和 SUBD 两条指令又都需要 F_2 的值,因此,它们虽然能发射,但不能执行读操作数;又因为 MULTD 没有执行到写回,即 F_0 的值也没有准备好,所以需要 F_0 值的 DIVD 指令也只能发射。因为 ADDD 与 SUBD 两条指令的执行均要用到功能部件加法器,存在资源冒险,而 SUBD 指令又已经发射,故流水线不允许 ADDD 指令发射。

　　表 4.2 给出了各功能部件的工作状态,包括是否忙,在做何种操作、使用哪个目标寄存器和源寄存器,以及源操作数产生于哪个功能部件,是否已经准备好等。

　　表 4.3 记录了当前目标寄存器与功能部件的对应关系。

- 记分板是如何解决数据冒险的。在采用记分板技术的流水线上,取指功能段所取出的指令都要通过记分板部件,并在其中建立相应的数据结构。指令在执行过程中要经过发射、读操作数、执行和写回 4 个功能段,而每个功能段都是在记分板部件的检测和控制下进行的。记分板在这 4 个功能段对解决数据冒险所起的作用,概括起来如表 4.4 所示。

表 4.4　记分板解决数据冒险的机制

序号	功能段	记分板的作用	解决的数据冒险
1	发射	记分板检测资源冒险和争用目标寄存器情况,如存在,将停止发射后续指令,直至冒险解决	写写冒险
2	读操作数	记分板监视源操作数可用情况,若可用,则通知相应功能部件读取该操作数并开始执行阶段	写读冒险
3	执行	流水线在执行完成产生结果后,立即通知记分板	
4	写回	记分板接到流水线的执行完成的通知后,检查是否有读写冒险,若有,则暂停写回	读写冒险

2. 解决资源冒险的方法

　　对于具有资源相关的指令,如果它们的执行顺序安排不当,就会产生结构冒险。例如,具有取指令(IF)、指令译码/读寄存器(ID)、执行/生成有效地址(EX)、访问存储器(MEM)

和写回寄存器(WB)这5个功能段的流水线计算机,若其指令和数据共享同一存储器,则在第4功能段需要访问存储器的 i 条指令,便与 $i+3$ 条指令的取指令发生资源冲突,即产生了结构冒险。解决方法有如下几种。

① 加入一个暂停周期　如图4.4所示。

指令	时 钟 周 期									
	1	2	3	4	5	6	7	8	9	10
i指令	IF	ID	EX	MEM	WB					
$i+1$指令		IF	ID	EX	MEM	WB				
$i+2$指令			IF	ID	EX	MEM	WB			
$i+3$指令			暂停	IF	ID	EX	MEM	WB		
$i+4$指令					IF	ID	EX	MEM	WB	

图 4.4　加入一个暂停周期的流水线

② 把 cache 一分为二　一个用来单独存放数据,另一个专门用来存放指令,这样,就解决了访存冲突。

③ 设置指令缓冲器　把指令提前存放到其中,也可以防止访存冲突。

在这 3 种方法中,第一种方法不用增添流水线的功能部件,成本较低,但牺牲了流水线的性能;后两种方法保证了流水线的性能,但却是以增大流水线的成本和功能部件的时延为代价。因此,流水线设计人员在处理流水线局部相关问题时,比较关注的是数据冒险,而往往忽视结构冒险。

4.3　流水线全局相关的处理技术

这里介绍的就是解决控制冒险的方法,包括转移处理和中断处理。

1. 转移处理

转移处理的常用处理方法有如下几种。

(1) 猜测法　所谓猜测法,就是遇到条件转移指令时,可选择转移不成功或转移成功这两种执行方式中的一种。目前,一般计算机选择不成功的分支,如 IBM 360/91 机。

流水线转移处理猜测法,如图4.5所示。图中 i_0 为转移指令,假定解释到 i_4 指令时条件码建立,这时,就可以判断转移是否成功。若不成功,就继续执行 i_0 指令后的指令;若成功,则 k_0、k_1、k_2、…指令进入流水线执行,同时把 $i_1 \sim i_4$ 指令报废。

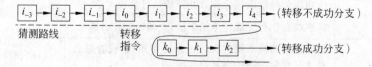

图 4.5　流水线转移处理的猜测法

需要说明如下两点。

① 对于某种机型来说,猜测路线是固定不变的,可以是转移成功分支,也可以是转移不

成功分支。图 4.5 中的猜测路线(虚线所示),选择的是转移不成功分支。

② 两个分支出现的概率是可以预估的,若选择概率高的分支作为猜测路线,则可以减少因处理条件转移所造成的时间损失。

(2) 条件码加快和提前产生法　为提高流水线性能,有的计算机采用该项技术,其技术要点归结为如下 3 点。

① 生成条件码的指令　条件码一般是由上一条运算型指令产生的。

② 条件码如何提前产生　对一条指令来说,并非等到它执行完毕,取得运算结果后,才形成反映运算结果的条件码;而是可以在获得操作数后,执行运算之前获得条件码,举例如下:

- 乘、除运算　不进行运算,就可以根据操作数来判别结果是正、负或零。
- 除运算　可以根据除数是否为零,来判断结果是否溢出。
- 加、减运算　其结果是正、负、零或溢出,也均可以通过操作数判断出来。

③ 条件码提前判断方法　在运算部件入口处,设置一个比较器,用来比较两个操作数的符号或阶码等,以判断条件是否成立。这种在运算部件还未获得操作数运算结果之前就对条件码做出的判断,叫做预判定。Amdahl 470v/6 机就有预判定功能。

(3) 加快短循环程序的处理　有如下两种方法。

① 设置指令缓冲器　把循环体内的全部指令,放到缓冲中,以减少循环程序的访主次数。Cray-1 机就设有指令缓冲器,可实现此种功能。

② 循环体程序首尾相接,连接执行　该方法的根据是,回到循环体的概率要比转到别处的概率高。

2. 中断处理

(1) 流水线中断处理的关键　中断会造成流水线停顿,降低其效率,但中断处理的关键不是效率,而是处理好断点的现场保护和恢复。这是因为,就一般情况来说出现中断的几率比转移的要小,因此,中断处理对效率的影响不是很大。但若处理不好断点的现场保护和恢复,可能会产生错误结果。

(2) 处理方法　假定第 i 条指令进入到具有 5 个功能段的流水线的第 4 功能段时发生中断请求,这时第 $i+1$、第 $i+2$ 和第 $i+3$ 条指令均已进入流水线,如图 4.6 所示。那么,流水线在哪条指令执行完后中断呢,即断点设在哪儿? 有如下两种设置方法。

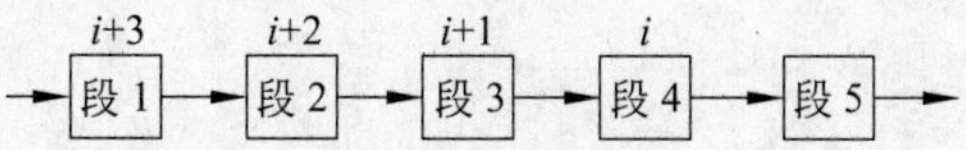

图 4.6　指令进入流水线情况

① 精确断点(precise interrupt)设置法　现代流水线计算机大都采用这种方法。该方法是,不管第 i 条指令在哪个功能段上遇到中断请求,断点就设在第 i 条指令之后,即中断服务程序在第 i 条指令执行完毕后就开始执行。该法的优点是断点固定,中断及时;缺点是需要设置一些后援寄存器,用来保持已进入流水线的各指令的现场,以便中断结束后这些指令能正确执行。

② 不精确断点(imprecise interrupt)设置法　这种方法的断点设置比较灵活,可以设置在第 i~第 $i+3$ 随便一条指令之后。正因为如此,被称为是不精确断点。其优点是硬件代

价比较低;缺点是中断响应时间稍长,程序调试和测试难度较大。早期的流水线计算机 IBM 360/91 机,就采用这种方法。

习　题

4.1　分析下列程序中指令的相关性,画出它们的相关图;假如在 CPU 中,每个功能部件只有一个副本可用,请问是否有资源冲突?

S_1: Load $\quad$ R_1, 1024 $\qquad$; $R_1 \leftarrow 1024$

S_2: Load $\quad$ R_2, M(10) $\qquad$; $R_2 \leftarrow$ M(10)

S_3: Add $\quad$ R_1, R_2 $\qquad$; $R_1 \leftarrow (R_1) + (R_2)$

S_4: Store $\quad$ M(1024), R_1 $\qquad$; M(1024) $\leftarrow R_1$

S_5: Store $\quad$ M((R_2)), 1024 $\qquad$; M(64) $\leftarrow$ 1024

4.2　请画出下列指令的相关图,并指出资源相关情况。

S_1: Load $\quad$ R_1, M(100)

S_2: Move $\quad$ R_2, R_1

S_3: Inc $\quad$ R_1

S_4: Add $\quad$ R_2, R_1

S_5: Store $\quad$ M(100), R_1

4.3　下列汇编代码在一台含有取指、取操作数(根据需求取一个或多个)和执行(包括写回操作)这 3 个功能段的流水线处理机上执行,每一功能段都有检测和分辨冒险的功能。试分析该程序在执行过程中可能产生冒险的时间。

Inc $\quad$ R_0 $\qquad$; $R_0 \leftarrow (R_0) + 1$

Mul $\quad$ Acc, R_0 $\qquad$; Acc $\leftarrow$ (Acc) $\times$ (R_0)

Store $\quad$ R_1, Acc $\qquad$; $R_1 \leftarrow$ (Acc)

Add $\quad$ Acc, R_0 $\qquad$; Acc $\leftarrow$ (Acc) + (R_0)

Store $\quad$ M, Acc $\qquad$; M $\leftarrow$ (Acc)

第5章 多功能非线性流水线的调度

严格地讲,多功能流水线就是非线性流水线。本章将介绍多功能非线性流水线的调度技术。

5.1 多功能非线性流水线表示

非线性流水线执行任务的过程,不是严格地从第一功能段顺序执行到最后一个功能段。由于多功能非线性流水线执行过程的多态性,所以这种流水线的功能和执行过程必须由功能段连接图和表示流水线实现某一功能的执行过程的预约表(reservation table)联合来表示。例如,具有两种功能的流水线,必须用两个预约表来分别表示两个功能的执行过程,如图5.1所示。

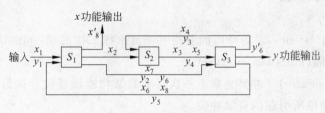

(a) 3段多功能流水线

功能段	时间							
	1	2	3	4	5	6	7	8
S_1	x					x		x
S_2		x		x				
S_3			x		x		x	

(b) x功能预约表

功能段	时间					
	1	2	3	4	5	6
S_1	y				y	
S_2			y			
S_3		y		y		y

(c) y功能预约表

图 5.1 3段2功能流水线的连接图与预约表

1. 功能段的连接图

该连接图除顺序连接外,还有两个反馈线和一个前馈线,说明该流水线为非线性;有两个功能输出端,说明为两功能流水线。

2. 预约表

(1) 预约表 预约表表示流水线实现某一功能时,该流水线在执行过程中其空间与时间的对应表。因为该表有预先把功能设定下来的作用,故称为功能预约表。

(2) 行　行数代表该流水线的总功能段的数目。表中的每一行说明每个功能段在执行一条指令或一项任务时有哪几个周期被使用。

(3) 列　列数代表给定功能段的运行时间。表中的每一列说明在同一周期内有几个功能段在工作。

3. 功能段连接图与预约表的关系

(1) 一个功能段连接图与一个预约表可确定一种功能的流程。

(2) 一个连接图可对应多个预约表。

(3) 同样,一个预约表也可对应多个功能段连接图。

5.2　无冲突调度

1. 目的

无冲突调度(collition-free scheduling)的目的是,使流水线两次启动之间的平均等待时间最短,而又无资源冲突。

2. 有关术语

(1) 等待时间(latency)　等待时间是指一条流水线二次启动(initiation)相距的时钟周期数,也叫启动间隔(initiation interval)。

(2) 冲突(encounter)　冲突是指上一次启动的某功能段还没有执行完毕,而本次启动又需要使用该功能段所引起的资源冲突。

(3) 禁止等待时间(forbidden latency)　禁止等待时间是指引起冲突的等待时间;而没有冲突的就叫做允许等待时间。

冲突等待时间可通过填写预约表查出,如对于图 5.1 所示流水线的 x 功能,其等待时间就是禁止等待时间,如表 5.1 所示。

表 5.1　x 功能禁止等待时间的情况表

功能段	时　间							
	1	2	3	4	5	6	7	8
S_1	x_1					x_1 x_2		x_1
S_2		x_1		x_1			x_2	
S_3			x_1		x_1		x_1	x_2

表中 x_1 和 x_2 分别为流水线连续执行的两个任务,它们的启动时间分别是第 1 个时钟和第 6 个时钟,等待时间为 5。可以看出,在第 6 个时钟周期内,两个任务同时要占用 S_1 段,产生冲突,所以,在这里,5 是禁止等待时间。

同样可以看出,该流水线 x 功能的禁止等待时间,除 5 之外,还有 2、4 和 7。

(4) 禁止向量(forbidden vector)　禁止向量是指禁止等待时间的集合,如上述流水线 x 功能的禁止等待时间有 2、4、5 和 7,故(2,4,5,7)就是一个禁止向量。

禁止向量的求法:只要把预约表的每一行中任意两个填写符号的间隔列出,并去掉重复的,所得数列即是。

【例 5.1】 求如图 5.1 所示流水线 x 功能的禁止向量。

解

S_1 段的禁止等待时间：5、2 和 7。

S_2 段的禁止等待时间：2。

S_3 段的禁止等待时间：2、2 和 4。

所以,x 功能的禁止向量为(2,4,5,7)。

【例 5.2】 求如图 5.1 所示流水线 y 功能的禁止向量。

解

S_1 段的禁止等待时间：4。

S_2 段不存在禁止等待时间。

S_3 段的禁止等待时间：2、2 和 4。

所以,y 功能的禁止向量为(2,4)。

(5) 冲突向量(collision vector)。冲突向量是用来表示多功能流水线某功能禁止等待时间和允许等待时间的一个二进制数,用 C 表示。

求法：把禁止向量中每个元素所对应的位用"1"表示,其余位用"0"表示即可。

【例 5.3】 请写出如图 5.1 所示流水线 x 功能和 y 功能的冲突向量。

解

设冲突向量为 $c_n \cdots c_i \cdots c_1$,其中 $c_i = 1$,表示 i 为禁止等待时间；$c_i = 0$,则表示 i 为允许等待时间；$c_n = 1$,表示 n 为最大禁止等待时间,$c_n = 0$,则表示 n 为最大允许等待时间。

于是有,x 功能的冲突向量为 1011010；y 功能的冲突向量为 0001010。

3. 状态变换图(state transition diagram)

(1) 初始冲突向量　初始冲突向量是由预约表直接得到的冲突向量。例如 1011010 就是上述流水线 x 功能的初始冲突向量。

(2) 状态变换图　状态变换图是由初始冲突向量变换得来的一张包含了所有避免冲突的固定冲突向量的关系图。

(3) 求法　从初始冲突向量开始,逻辑右移冲突向量,当移出的位为 0 时,移位寄存器的内容与初始冲突向量进行按位或运算,其结果作为新的冲突向量。对于新产生的冲突向量也这样做,即移位寄存器移出 0 后的内容也是与初始冲突向量进行按位或运算,产生新的冲突向量。这样就得到一张状态变换图,如图 5.2 所示。图中,1011010 为初始冲突向量,其余冲突向量是变换后得到的。方向线旁的数字表示逻辑右移的位数,等于允许等待时间,其中 1 * 和 3 * 表示最小允许等待时间有 1 和 3,8＋表示允许等待时间为 8 或 8以上。

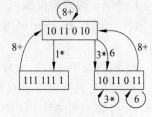

图 5.2　状态变换图

4. 任务的调度方式

任务有以下两种调度方式。

(1) 恒定循环(constant cycle)方式　这是仅采用一个固定的允许等待时间来连续调度任务的调度方式。例如,两个任务之间的等待时间都采用 3 或 6,即所有新任务的启动距上一任务的启动时间相隔都是 3 个或 6 个时钟周期。

（2）序列循环方式（sequence cycle）　这是无限地重复一个允许等待时间子序列来连续调度任务的调度方式。例如，采用允许等待时间序列循环（1,8），其调度过程是，新的任务的启动是交替地用 1 个时钟周期和 8 个时钟周期，即前一任务是隔 1 个时钟周期启动，而后一任务则隔 8 个时钟周期启动，如此循环启动下去。

5. 最佳等待循环（optimal latency cycle）

（1）简单循环（simple cycle）　简单循环是指在状态变换图中每种冲突向量只经过一次的启动循环。在图 5.2 中，简单循环有（3）、（6）、（8）、（1,8）、（3,8）、（6,8）；非简单循环有（1,8,6,8）、（3,3,8）、（3,6,8）、（6,3,8）、（6,6,8），其中第 1 个非简单循环两次经过冲突向量 1011010，而其余循环均两次经过冲突向量 1011011。

注意：简单循环的个数是有限的。

（2）迫切循环（greedy cycle）　迫切循环是指从它们各自的初始状态变换到下一个状态具有最小允许等待时间的简单循环。已知在图 5.2 中最小允许等待时间有 1 和 3，这样，上述简单循环中的（1,8）和（3）就是迫切循环。

（3）平均等待时间（average latency）　平均等待时间可按公式 5.1 计算：

$$平均等待时间 = \frac{循环序列的允许等待时间之和}{允许等待时间的个数} \qquad (5.1)$$

可见，恒定循环的平均等待时间就是其允许等待时间本身。

（4）最小平均等待时间（minimal average latency，MAL）　应在迫切循环中产生，就图 5.1 所示流水线而言，有两个迫切循环，它们的平均等待时间分别为

$$平均等待时间_1 = \frac{1+8}{2} = 4.5$$

$$平均等待时间_2 = \frac{3}{1} = 3$$

故该流水线的最小平均等待时间 MAL＝min（4.5,3）＝3。

使用 MAL 的循环，即相隔时间为最短的启动循环，就是最佳启动循环。

5.3　流水线调度的优化

1. MAL 的限制范围

1972 年，L. E. Shar 提出了流水线 MAL 的限制范围，1992 年，L. E. Shar 又证明了该范围。

- 预约表中一行所填写的符号的最大格数为 MAL 的下限。
- MAL 的值应小于或等于状态变换图中任一迫切循环的平均等待时间。
- 初始冲突向量中 1 的个数加 1 为 MAL 的上限。

2. 插入延迟以获取 MAL 的下限值

【例 5.4】　某流水线的连接图、预约表和状态图如图 5.3 所示。

解　由于预约表中每行 x 的个数都为 2，所以 MAL 的下限值应为 2；但从状态变换图可以看出，MAL＝3。3 并不是 MAL 的最佳值。

MAL 的最佳值应为 2，采取插入延迟即可实现，如图 5.4 所示。

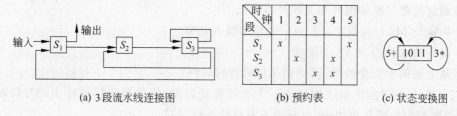

(a) 3 段流水线连接图　　(b) 预约表　　(c) 状态变换图

图 5.3　流水线的连接图、预约表和状态变换图

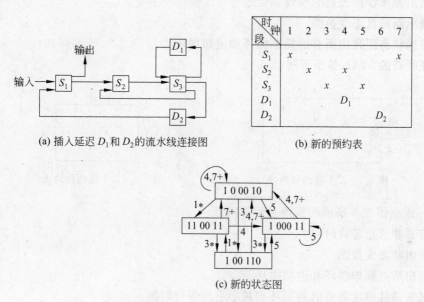

(a) 插入延迟 D_1 和 D_2 的流水线连接图　　(b) 新的预约表

(c) 新的状态图

图 5.4　插入延迟的流水线

从新的状态图可以看出，$(1,3)$ 为迫切循环。由此可得到新的 $\mathrm{MAL}=\dfrac{1+3}{2}=2$。

可见，在流水线中插入延迟，可得到 MAL 的下限值，从而提高了流水线的性能。

3. 分析

（1）流水线的吞吐率　假定时钟周期为 τ，那么每 $\mathrm{MAL}\cdot\tau$ 这么长时间就启动一条指令，故流水线的吞吐率 TP 为

$$\mathrm{TP}=\frac{1}{\mathrm{MAL}\cdot\tau} \tag{5.2}$$

从该式可以看出，吞吐率的实质是流水线的启动速率，即每周期启动任务的平均数。由此可见，MAL 越短，流水线的吞吐率就越高。

（2）流水线的效率　流水线功能段的空闲时间越小，流水线的效率就越高。在任何允许的启动循环中，在稳定状态下，流水线至少应有一段被利用，否则，流水线能力就未全部发挥。

习　　题

5.1　某 4 段流水线，其时钟周期 $\tau=20\mathrm{ns}$，预约表如图 5.5 所示。

① 求禁止等待时间和初始冲突向量。

② 画出调度该流水线的状态变换图。

③ 确定与最佳迫切循环相关联的 MAL。

④ 确定与 MAL 和给定 τ 相对应的流水线吞吐率。

⑤ 确定流水线的 MAL 下限值。

⑥ 从上面的状态变换图,可得到最佳等待时间吗?

5.2 在 5.1 题的流水线中插入一个非计算延迟段,使最短迫切循环中的等待时间为 1,目的是要产生一张新预约表,以获得下限最佳等待时间。

① 画出流水线修改后的预约表。

② 画出新的状态变换图。

③ 根据状态图列出所有的简单循环和迫切循环。

④ 证明新的 MAL 等于下限。

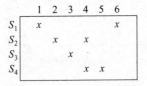

图 5.5 5.1 题的预约表

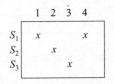

图 5.6 5.3 题的预约表

5.3 根据图 5.6 所示的预约表回答问题。

① 有哪些禁止等待时间?

② 画出状态变换图。

③ 列出所有简单循环和迫切循环。

④ 试求最佳恒定等待时间循环和最小平均等待时间。

⑤ 设流水线的时钟周期 $\tau=20\text{ns}$,试计算流水线的吞吐率。

5.4 一条 3 功能段的非线性流水线及其预约表如图 5.7 所示。

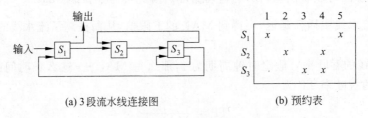

(a) 3 段流水线连接图   (b) 预约表

图 5.7 5.4 题图

① 写出流水线的禁止向量和初始冲突向量,并画出流水线的调度状态图。

② 求流水线的最小启动循环和最小平均启动间隔。

③ 通过插入非计算延迟功能段,使流水线达到最优调度,确定该流水线的最佳启动循环及其最小启动间隔;并要求画出流水线连接图及其预约表和状态图。

④ 分别计算插入非计算延迟功能段前后的流水线最大吞吐率,并算出其改进的百分比。

5.5 根据图 5.8 所示预约表,解答问题。

① 列出禁止等待时间和冲突向量集。

② 画出状态变换图,并说明所有不引起流水线冲突的可能启动序列。

③ 根据状态图，列出所有简单循环。

④ 从简单循环中找出迫切循环。

⑤ 此流水线的 MAL 是多少？

⑥ 列出此流水线的可允许最小恒定循环。

⑦ 该流水线的最大吞吐率是多少？

⑧ 若使用最小恒定循环，则吞吐率是多少？

	1	2	3	4	5	6
S_1	x					x
S_2		x			x	
S_3			x			
S_4				x		
S_5		x				x

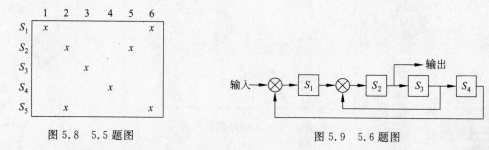

图 5.8　5.5 题图

图 5.9　5.6 题图

5.6　4 段流水线如图 5.9 所示。

该流水线的总求值时间为 6 个时钟周期，所有相继段必须在每个时钟周期后才能使用。

① 列出该流水线的预约表。

② 列出任务启动之间的禁止等待时间集。

③ 画出表示所有可能的等待时间循环的状态图。

④ 根据状态图列出所有迫切循环。

⑤ MAL 的值是多少？

⑥ 该流水线的最大吞吐率是多少？

5.7　3 条流水线 f_1、f_2 和 f_3 的预约表，以及由它们所组成的组合流水线如图 5.10 所示。

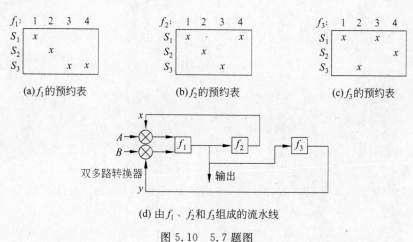

f_1:	1	2	3	4
S_1	x			
S_2		x		
S_3			x	x

(a) f_1 的预约表

f_2:	1	2	3	4
S_1	x			x
S_2		x		
S_3			x	

(b) f_2 的预约表

f_3:	1	2	3	4
S_1	x		x	
S_2				x
S_3		x		

(c) f_3 的预约表

(d) 由 f_1、f_2 和 f_3 组成的流水线

图 5.10　5.7 题图

该流水线执行任务的顺序如下：

- 首先是 f_1；
- 其次是 f_2 和 f_3；

- 最后是 f_1,并输出。

双多路转换器的功能是,从 (A,B) 或 (x,y) 中选择一对作为输入,输入到 f_1 中。组合流水线的使用也需要用预约表来描述。

① 把图 5.11 所示的预约表填写完整。

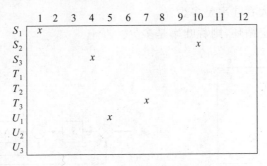

图 5.11 未填好的预约表

② 写出禁止向量和初始冲突向量。
③ 画出能表示所有等待时间循环的状态图。
④ 列出所有简单循环和迫切循环。
⑤ 计算该组合流水线的 MAL 和吞吐率。

第 6 章　向量处理机

从 1972 年 CDC STAR-100 和 TI ASC 两种向量处理机的出现,到 1986 年 IBM 推出 System/370 向量体系结构处理机,在这段时间里,向量处理机得到了很好的发展。本章将介绍向量处理原理以及向量处理机的系统结构。

6.1　向量及其处理

1. 向量

(1) 向量与标量　向量(vector)是一组具有相同类型的数据,就是一般所说的数组;标量(scalar)是数组中的一个元素。可见,向量的一个元素就是一个标量。

(2) 向量的跳距　通常,向量的元素是有序的,相邻元素存放地址的偏移量是固定的。这个偏移量就称为向量的跳距(stride)。

(3) 向量化和向量化器　把标量代码转换为向量代码,叫做向量化(vectorization),而能进行向量化的编译器,就叫做向量化器(vectorizer)。

(4) 向量的长度　向量的长度是指向量所具有的元素个数。

2. 向量处理

(1) 什么是向量处理　向量处理(vector processing)就是对向量的操作,例如,对向量进行算术或逻辑运算,都是向量处理。其与标量处理的区别是,标量处理只对一个或一对数据进行处理。向量处理可在流水线处理机和 SIMD 计算机上进行,也可在向量处理机上进行。

(2) 向量处理方式　按照向量处理次序,向量处理有 3 种方式。

以 $F = A^2 * B + D * (A^2 - E)$ 为例来说明。其中,F、A、B、D、E 均为向量,它们的长度都为 N。

① 横向处理方式　这种运算是逐个求 f_i,其运算顺序如表 6.1 所示。

表 6.1　向量处理的横向方式

运 算 次 序	运 算 内 容
1	$f_1 = a_1^2 * b_1 + d_1 * (a_1^2 - e_1)$
2	$f_2 = a_2^2 * b_2 + d_2 * (a_2^2 - e_2)$
⋮	⋮
N	$f_N = a_N^2 * b_N + d_N * (a_N^2 - e_N)$

表 6.1 中求得的 $f_1 \sim f_N$,为横向方式运算结果 F 的 N 个元素,即最后所得结果如下:

$$F = (f_1, f_2, \cdots, f_N)$$

需要说明的是,该方式不适合流水线处理机和向量处理机,而适宜标量处理机用循环程序处理。

② 纵向处理方式 该方式是执行完一种运算,再执行下面的运算,其运算顺序如表 6.2 所示。

表 6.2 向量处理的纵向方式

运算次序	运算内容	运算次序	运算内容
1	$M=A**2$	4	$M=M*D$
2	$V=B*M$	5	$F=M+V$
3	$M=M-E$		

表 6.2 中出现的 M 和 V 为 N 个元素的中间向量,第 5 步所求得的 F 为最后结果。

该方式适宜于流水线处理机和向量处理机。

③ 纵横向处理方式 这种方式是把长度为 N 的向量分成若干组,每组长度为 n,组内按纵向方式处理,依次处理各组。设 $N=kn+r$,r 为余数,作为最后一组来处理,则共有 $k+1$ 组,运算顺序如表 6.3 所示。

表 6.3 向量处理的纵横向方式

运算次序	组别	运算内容
1	第 1 组	$M_{1\sim n}=A_{1\sim n}**2$ $V_{1\sim n}=B*M_{1\sim n}$ … 求出:$F_{1\sim n}=(f_1,f_2,\cdots,f_n)$
2	第 2 组	$M_{n+1\sim 2n}=A_{n+1\sim 2n}**2$ $V_{n+1\sim 2n}=B*M_{n+1\sim 2n}$ … 求出:$F_{n+1\sim 2n}=(f_{n+1},f_{n+2},\cdots,f_{2n})$
⋮	⋮	⋮
$k+1$	第 $k+1$ 组	$M_{kn+1\sim N}=A_{kn+1\sim N}**2$ $V_{kn+1\sim N}=B*M_{kn+1\sim N}$ … 求出:$F_{kn+1\sim N}=(f_{kn+1},f_{kn+2},\cdots,f_N)$

把表 6.3 各组运算结果,按顺序组合起来,即得最终运算结果:

$$F = F_{1\sim n},F_{n+1\sim 2n},\cdots,F_{kn+1\sim N}$$

这种方式以长度为 n 的向量寄存器作为运算寄存器,用以保存中间运算结果。这样,可大大减少访问存储器的次数,也降低了因访存发生冲突而引起的等待时间,提高了向量处理的速度。

6.2 向量处理机的结构

1. 什么是向量处理机

向量处理机(vector processor)是指专门为向量处理而设计的处理机,可从如下 3 个方面来认识向量处理机。

(1) 组成　向量处理机的主要组成如下：

• 向量寄存器；

• 流水线功能部件；

• 向量控制器。

(2) 优越性　主要有如下 3 点：

• 减少循环控制的软件开销；

• 减少访存冲突；

• 能提高加速比。

(3) 基本功能　向量处理机的基本功能是把两个向量的对应元素（分量）进行运算，从而产生一个结果向量。如 A、B、C 都是向量，各有 N 个元素，则

$$C = A + B$$

运算，可表示为

$$c_i = a_i + b_i, \quad 0 \leqslant i \leqslant N - 1$$

其中，a_i、b_i 和 c_i 分别为向量 A、B 和 C 的元素。实现这样的向量和的处理机就是最简单的向量处理机，如图 6.1 所示。

2. 向量处理机的结构

根据基本功能，向量处理机有两种基本结构，即存储器—存储器结构和寄存器—寄存器结构。

(1) 存储器—存储器结构　该结构是指操作数从存储器读取，运算结果又送回存储器的结构。

① 系统结构　如图 6.2 所示。

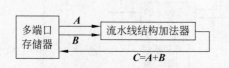

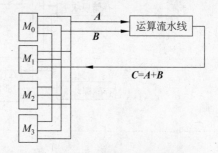

图 6.1　最简单的向量处理机　　　　图 6.2　由 4 个 3 端口存储器模块组成的向量处理机

② 存在的问题及解决办法　主要问题是存在存储器冲突，即一个存储模块在某一时刻只能为一个通道服务。其解决办法有如下几个。

• 向量交叉存储　假定存储周期为 1 个时钟周期，交叉存储情况如表 6.4 所示。

表 6.4　向量交叉存储情况

模块	存 储 情 况			模块	存 储 情 况		
M_0	$A[0]$	$B[3]$	$C[2]$	M_2	$A[2]$	$B[1]$	$C[0]$
M_1	$A[1]$	$B[0]$	$C[3]$	M_3	$A[3]$	$B[2]$	$C[1]$

- 增加延迟器,消除存储器竞争　带有延迟器的向量处理机的结构图,如图 6.3 所示。

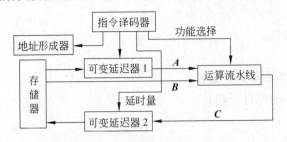

图 6.3　带有延迟器的向量处理机结构

　　图中接在向量 *A* 输入端的延迟器 1,使向量 *A* 要比向量 *B* 提前读取,提前的时间为延迟器所延迟的时间,这样就消除了向量 *A* 和 *B* 同时从存储器读取所造成的存储器竞争。接在运算流水线输出端的延迟器 2,使运算所得结果向量 *C* 的写入存储器时间避开向量 *A*、*B* 的读取时间,以避免存储器的读与写所产生的资源冲突。两个延迟器延迟时间的大小,均由指令译码器根据输入向量和结果向量的起始地址和运算流水线的吞吐率来设置。CDC STAR 机就采用此项技术。这种可变延迟器成本较高,且建立时间也较长。

　　③ 实例　这里介绍最早发明的向量处理机 CDC STAR-100。它采用存储器—存储器结构,如图 6.4 所示。

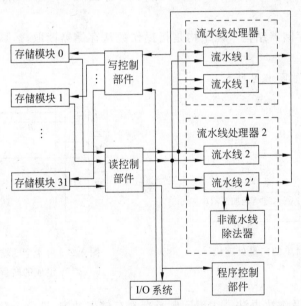

图 6.4　CDC STAR-100 向量处理机

从图 6.4 可以看出,CDC STAR-100 的结构有如下特点。

- 具有两个流水线处理器　流水线处理器 1 可执行加法、乘法;流水线处理器 2 可实现加、乘、除和平方。此外,还具有一个非流水线浮点除法器。两台处理器可同时处理两组 32 位操作数。

- 存储系统采用交叉编址技术　存储系统由 32 个独立的存储模块组成,每块含有 2K 个字。由于采用交叉编址技术,故可实现同时对多个字进行读写。

- 具有 4 条 128 位数据总线　其中一条将运算结果送回存储器；两条用来从存储器读取操作数；一条用来从存储器读取指令，以及与 I/O 系统通信。

（2）寄存器—寄存器结构　该结构是指操作数大都是从寄存器中读取，运算结果又送回寄存器的结构。

① 系统结构　如图 6.5 所示。

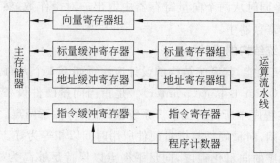

图 6.5　寄存器—寄存器向量处理机

各寄存器的功能如下。

- 向量寄存器组　用来提供向量操作数和存放向量运算结果。
- 标量寄存器组　用来为标量运算和逻辑运算提供源操作数和目标操作数。
- 标量缓冲寄存器　用来保存暂时不用的数据，相当于一般计算机的 cache 存储器。
- 地址寄存器组　用来作为地址寄存器或变址寄存器，也可用来提供移位的计数值或循环控制值。
- 地址缓冲寄存器　用来存放重复使用的数据，相当于地址寄存器的 cache 存储器。
- 指令寄存器和指令缓冲寄存器　用来存放指令。
- 程序计数器　用来存放即将执行指令的地址。

② 性能　在寄存器—寄存器结构中，由于寄存器带宽很高，便带来两个好处：

- 使低速主存不会影响运算流水线的连续执行。
- 可使运算流水线能够重叠运行，像 Cray-1 机就能同时进行 3 种相互独立的向量运算。

③ 实例　Cray-1 机是典型的寄存器—寄存器结构向量处理机，1976 年问世，由美国 Cray 公司研制。它的系统结构正如图 6.5 所示，这里对它的各寄存器的大小和它的运算功能进行说明。

- 各寄存器的大小　它的向量寄存器组由 8 个含 64 个分量的向量寄存器组成，每个分量为一个 64 位寄存器；标量寄存器组由 8 个 64 位的标量寄存器组成；标量缓冲寄存器由 64 个 64 位的标量寄存器组成；地址寄存器组由 8 个 24 位的地址寄存器组成；地址缓冲寄存器由 64 个 24 位的寄存器组成；指令寄存器为 16 位寄存器；指令缓冲寄存器由 256 个 16 位的寄存器组成。
- 运算流水线功能部件　Cray-1 机的运算流水线由 12 个流水线功能部件组成，其中包括 64 位向量运算功能的加/减、移位和逻辑部件；64 位浮点运算功能的加/减、乘、倒数和近似部件；32 位标量运算功能的加/减、移位和逻辑部件；24 位地址运算功能的加/减和乘部件。

- 主存容量　Cray-1 机的主存容量为 8MB,由 64 个存储模块组成。
- 运算特点　Cray-1 机的运算特点主要表现在两个方面:一是向量寄存器组和缓冲寄存器需要与主存传送的向量、标量、地址和指令是通过指令成组传送的;二是运算流水线在运行过程中,不直接与主存进行读写操作,而是对寄存器组进行读写,例如,向量运算是同时从两个向量寄存器中取出一对操作数,然后把运算结果存放到另外一个向量寄存器中。

3. 向量处理机系统结构的设计

为提高向量处理机性能,其系统结构的设计应注意如下 4 个方面。

(1) 向量平衡点(vector balance pointer)　是指当向量硬件设备与标量硬件设备利用率相等时,向量代码在程序中所占的比率。系统设计时,应注意两点。

① 为使资源不空闲,向量硬件与标量硬件所用时间以相等为好。

② 为提高用户程序的向量化程度,向量平衡点以保持足够高为好。为此,通常采用如下两种方法。

- 每台处理机重复设置流水线功能部件,以提高向量运算性能。
- 向量部件采用的时钟频率是标量流水线的 2～3 倍的超流水线技术。

(2) 可扩展性　可扩展性是指向量处理机的性能与处理机数目的增加或处理机性能的增加保持线性关系。线性关系保持得越好,向量处理机的可扩展性就越好。但是,从客观上看,没有一台向量处理机是可以线性扩展的。一台可扩展性好的向量处理机应具有如下 3 个方面的可扩展性。

① 规模可扩展性　它是指资源部件,如处理单元、存储器个数可以从小到大扩展。当然,没有哪一类向量处理机可以不受限制地线性扩展其部件。

② 换代的可扩展性　它这里不仅是指可以更换器件,还包括能够移植进新的软件和算法。

③ 问题的可扩展性　它是指向量处理机允许处理问题的规模扩大,并保证当问题的规模扩展到足够大时,向量处理机仍能正常工作。

(3) 高性能的 I/O 系统　所谓高性能的 I/O 系统是指带宽高的 I/O 系统,I/O 系统具有支持高速连网的能力也很重要。

(4) 存储系统的容量和性能　向量处理机的存储系统必须能为标量处理提供低时延、为向量处理提供高带宽、为解决大型复杂问题提供大容量和高吞吐率,为此,其存储系统一般是采用多层次结构,以满足容量和性能上的需求。

6.3　向 量 指 令

本节介绍基于寄存器—寄存器结构的向量处理机的指令及其冲突问题。

1. 6 类向量指令

(1) 向量—向量指令(vector-vector instruction)。

例如:

① $V_1 = \sin(V_2)$　该指令表示对向量寄存器 V_2 中的每一个元素求其 sin 值,然后顺序存放到向量寄存器 V_1 中。

② $V_3 = V_1 + V_2$　该指令表示向量寄存器 V_1 和 V_2 对应元素的值相加,然后顺序存放到向量寄存器 V_3 中。

(2) 向量—标量指令(vector-scalar instruction)。

例如:

$$V_2 = V_1 \times S$$

该指令表示向量寄存器 V_1 的每一个元素分别乘以标量,S,然后把所得的各个积顺序存入向量寄存器 V_2 中。

(3) 向量—存储器指令(vector-memory instruction)。

例如:

① $M \to V$　该指令表示从存储器中取出一个向量,存入向量寄存器 V 中,这叫取向量(vector load)。

② $V \to M$　该指令表示把向量寄存器 V 中的向量,存到存储器中,这叫存向量(vector store)。

(4) 向量归约指令(vector reduction instruction)。

例如:

① $V_i \to S_j$　该指令表示从向量寄存器 V_i 中取出某个元素,例如最大值、最小值或是任何一个值,放到标量变量 S_j 中。

② 求 $A = (a_i)$ 和 $B = (b_i)$ 的点积也属于向量归约算法,即

$$S = \sum_{i=1}^{n} a_i \times b_i$$

(5) 收集和散播指令(gather and scatter instruction)。

① 收集指令　$M \to V_1 \times V_0$。收集指令是以基址寄存器 A_0 中的基址加上变址寄存器 V_0 中的各个偏移量为地址,从存储器中把稀疏向量的非零元素一个个取出,放到向量收集寄存器 V_1 中,其操作如图 6.6(a)所示。

② 散播指令　$V_1 \times V_0 \to M$。散播指令是把向量散播寄存器 V_1 中的各个元素,顺序散放到以基址寄存器 A_0 的内容为基址,变址寄存器 V_0 的内容为偏移量的存储器各相应的单元中,如图 6.6(b)所示。

(6) 屏蔽指令(masking instruction)。

$$V_0 \times V_m \to V_1$$

该指令用于把一个长向量压缩成一个短的索引向量。其执行过程是,首先测试被测向量寄存器 V_0 的各个元素,若为 0,就在屏蔽寄存器 V_m 的相应位置"0",否则置"1";然后把被测试向量寄存器 V_0 中非"0"元素的偏移量值,顺序存放到目标向量寄存器 V_1 中,如图 6.6(c)所示。图中,向量长度寄存器和目标向量寄存器的值用八进制表示。

注意:在向量处理机的指令系统中,除了向量指令,还应有标量指令,如采用寄存器—寄存器结构的 Cray-1 向量处理机,其标量指令和向量指令共有 128 条。

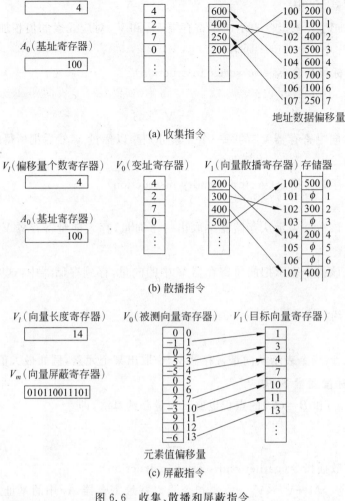

(a) 收集指令

(b) 散播指令

(c) 屏蔽指令

图 6.6　收集、散播和屏蔽指令

2. 向量指令的冲突及其编队

（1）冲突　向量指令存在着如下两种冲突。

① 向量冲突　它是指并行工作中的各向量指令中出现相同的源向量操作数或是目标向量操作数，所产生的争用同一向量寄存器的冲突。如：

$$V_4 = V_1 + V_2$$
$$V_5 = V_1 \wedge V_3$$

这两条指令都有相同的源向量操作数 V_1，如果它们同时执行，就要争用向量寄存器 V_1，这是实现不了的，这种情况叫做源向量冲突。因此，必须让第 1 条指令执行完，不再使用向量寄存器 V_1 后，才能执行第 2 条指令。

② 部件冲突　它是指一条以上并行工作的向量指令争用同一功能部件所产生的冲突，如：

$$V_4 = V_1 * V_2$$
$$V_5 = V_3 * V_6$$

这两条指令都需要乘部件,因此,它们不能同时执行。第 2 条向量乘法指令需推迟到第 1 条指令执行完毕,乘法功能部件被释放后,才能开始执行。

下面这两条指令既有源向量冲突,又有功能部件冲突。

$$V_2 = V_0 + V_1$$
$$V_4 = V_0 + V_3$$

在这种情况下,由于功能部件的释放时间要晚于向量寄存器的释放时间,所以第 2 条指令要等第 1 条指令的浮点加功能部件释放后,才能开始执行。

在向量处理机中,既无向量冲突又无部件冲突的指令是可以并行执行的,如下这两条指令就可以并行执行。

$$V_2 = V_0 + V_1$$
$$V_4 = V_2 * V_3$$

(2) 向量指令编队   把不存在冲突的指令安排在同一个时钟周期内并行执行,叫做向量指令编队,而把安排在一个时钟周期内一起执行的指令叫做一个编队。

【例 6.1】   假设每个流水功能部件只有一个,试问下面的向量指令要分成几个编队。

LV V_1, R_x 取向量 x

MULTSV V_2, F_0, V_1 向量与标量相乘

LV V_3, R_y 取向量 y

ADDV V_4, V_2, V_3 向量加

SV R_y, V_4 向量存

解   根据该题 5 条指令之间所存在的冲突分析,以及编队原则,这 5 条指令应编为 4 队,即

编队 1:LV V_1, R_x

编队 2:MULTSV V_2, F_0, V_1

         LV V_3, R_y

编队 3:ADDV V_4, V_2, V_3

编队 4:SV R_y, V_4

3. 向量指令并行处理的链接技术

这是向量处理机 Cray-1 所具有的一项技术。该技术在相邻向量指令没有功能部件冲突和源向量冲突的情况下,根据功能需要,把有关功能部件链接(chaining)成向量指令处理流水线,同时并行执行相关向量指令,从而提高其性能。

(1) 相关向量指令   一条向量指令的目标向量,正好是另一条向量指令的源向量,这两条指令就被称为是相关向量指令。下面 4 条向量指令中,I_0 条指令与 I_1 条指令、I_1 条指令与 I_2 条指令、I_2 条指令与 I_3 条指令都是相关向量指令,V_0、V_2 和 V_3 分别是 3 对相关向量指令的相关向量寄存器。

$$I_0: V_0 \leftarrow 存储器(存储器读)$$
$$I_1: V_2 \leftarrow V_0 + V_1(整数加)$$
$$I_2: V_3 \leftarrow V_2 < A_3(按 A_3 值左移)$$
$$I_3: V_5 \leftarrow V_3 \wedge V_4(逻辑与)$$

（2）相关向量指令的执行方式　以上 4 条向量指令分别用到存储器读部件和整数加、左移位、逻辑与这 3 个运算功能部件；涉及 $V_0 \sim V_5$ 这 6 个向量寄存器，其中 V_0、V_2 和 V_3 是相关向量寄存器。4 条向量指令两两相关，它们的执行方式可以采用如下两种方式。

① 功能部件独立执行方式　这种执行方式是执行完前一条指令后再执行下一条指令，就是一条指令一条指令地顺序执行。这种执行方式的问题是需要的时间长。这里，以 Cray-1 机为例，来说明 4 条指令顺序执行所需的时间。

Cray-1 机访存启动、把一个向量分量传送功能部件或是存入向量寄存器都需要 1 个时钟周期的延迟，一个向量分量在存储器读、整数加、移位和逻辑与这 4 个功能部件中的延迟时间分别为 6、3、4 和 2 个时钟周期。假定一个向量含有 N 个分量，这些分量是连续通过功能部件进行处理的。这样，4 条指令的运行时间就如表 6.5 所示。

表 6.5　4 条向量指令执行时间（时钟周期数）表

指令	第 1 个元素的执行时间	后 $N-1$ 个元素的执行时间	指令执行时间
I_0	1（访存启动）+6（存储器读）+1（存 V_0）	$N-1$	$N+7$
I_1	1（V_0、V_1 值送加部件）+3（加）+1（存 V_1）	$N-1$	$N+4$
I_2	1（V_2、A_3 值送移位部件）+4（移位）+1（存 V_3）	$N-1$	$N+5$
I_3	1（V_3、V_4 值送与部件）+2（逻辑与）+1（存 V_5）	$N-1$	$N+3$
总计			$4N+19$

表中的 3 列数值分别是结果向量的第 1 个分量、后 $N-1$ 个分量和整个结果向量传送到相应指令的目标向量寄存器的延迟时间。

② 功能部件链接执行方式　在这种方式中，两条相关指令不是等到前一条指令把向量的 N 个分量完全处理完并都已存放到相应的目标向量寄存器之后，后一条指令才开始执行；而是一旦前一条指令所处理的向量的第 1 个分量通过所用到的功能部件，得到处理后传送到目标向量寄存器（后一条指令的源向量寄存器，即相关向量寄存器），可供后一条指令使用时，立即启动后一条指令，同时通过相关向量寄存器，把后一条指令所用到的功能部件与前一条指令所用到的功能部件链接成向量处理流水线，形成一条向量指令执行链。这就是 Cray-1 机所具有的链接技术。这种技术是由机器本身自动来判别每一条指令是否能与其前一条指令实现链接处理。

Cray-1 机执行上述 4 条指令所形成的链接结构，如图 6.7 所示。

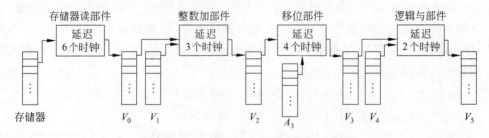

图 6.7　Cray-1 的链接结构

该链接结构执行这 4 条指令,运算出结果向量的第 1 个分量所需的时钟周期数如下式计算所得。

	1	访存启动延时
存储器读时间	6	存储器读操作延时
	1	当前结果向量的第 1 个元素存入 V_0 的延时
	1	V_0、V_1 的第 1 个元素取到整数加部件的延时
整数加时间	3	整数加操作的延时
	1	当前结果向量的第 1 个元素存入 V_2 的延时
	1	V_2、A_3 的第 1 个元素取到移位部件的延时
移位时间	4	移位操作的延时
	1	当前结果向量的第 1 个元素存入 V_3 的延时
	1	V_3、V_4 的第 1 个元素取到逻辑与部件的延时
逻辑与时间	2	逻辑与操作的延时
	1	最终结果向量的第 1 个元素存入 V_5 的延时

$+$

23 (个时钟周期)

此后,每个时钟周期都会运算出一个分量存入到 V_5,即再经过 $N-1$ 个时钟周期,整个运算结果的向量即可完全存入 V_5。显然,采用链接技术,4 条指令的执行时间为

$$23 + N - 1 = N + 22(个时钟周期)$$

可见,向量指令采用链接并行操作的运行时间,要比顺序执行方式的运行时间大为缩短,大大提高了向量处理机的性能。

6.4 向量处理机的存储器

1. 向量的存取

在向量存储器中,一个向量的地址是由基址、跳距和长度表示的。基址是向量存放的起始地址,这是存取一个向量,首先需要确定的。跳距是相邻向量元素(分量)存放地址的偏移量,其值未必是 1,也就是说,向量元素不一定非要存放在连续的存储单元中。例如,一个按行存储,即行元素连续存放的矩阵,如果把它的一行作为一个向量,其跳距为 1;若把它的一列作为一个向量,其跳距是 n;对角线上的元素也可以组成一个向量,其跳距就是 $n+1$。向量的长度可以是任意的,当向量的长度大于向量寄存器的长度时,向量要按向量寄存器的长度分段,按段进行存取。

2. 向量处理机的存储器结构

为提高向量处理机的性能,其存储器的带宽要与处理机带宽及总线带宽相匹配,为此,向量处理机的存储器一般采用如下两种结构。

(1) 并发存取存储器。

① 结构　并发存取(concurrent access)存储器的结构为交叉编址结构,简称 C—存取存储器,其结构如图 6.8 所示。

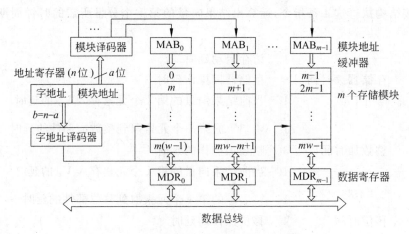

图 6.8　m 个存储模块交叉编址存储器

该存储器由 $m(m=2^a)$ 个存储模块组成。m 块中哪一块工作,由地址低 a 位通过模块译码器译码确定;而模块内哪个单元进行存取,则由地址高 $b(b=n-a)$ 位通过字地址译码器译码决定。由于这种存储器的存储模块是由地址低位决定轮流顺序交叉存取的,故叫 m 路低位交叉存取存储器。这种存储器的编址是按顺序轮流编排在各个存储模块中的。反过来,如果地址高位决定工作存储模块,地址低位决定存取单元,那么这种存储器就叫做高位交叉存取存储器。在高位交叉编址存储器中,各存储模块内的地址是按顺序编排的。

② 并行存取原理　m 路低位交叉存取存储器的 m 个存储模块可并行进行存取,故被称为并发存储器。其并行存取原理是,把称为主周期(major cycle)的存取一个存储单元数据(字)的存储周期(memory cycle)分为 m 个小周期(minor cycle),设主周期为 Q,小周期为 τ,则

$$\tau = \frac{Q}{m} \tag{6.1}$$

在这里,m 被称为交叉存取度(degree of interleaving),τ 是相邻存储模块启动存取的间隔时间。这样,该存储器在进行数据块存取时,m 个存储模块就可以同时进行存取,使每个字的存取时间减少到 τ,提高了存储器性能。

③ 带宽与容错　m 路低位交叉存取存储器可以大大提高存储器带宽,而且,m 值越大,存储器的带宽就越高,在理想的情况下,如存取跳距为 1 的向量组数据块,其带宽提高的倍数为 m;但它却不能容错,因为一旦某个存储模块发生故障,整个存储器就必须停止工作,其带宽将减少到 0。为此,可以通过改进交叉存取存储器的编址方法,来提高存储器的容错度。例如,如图 6.9(a)所示的 2 体 4 路交叉存取存储器,当一个存储体发生故障时,其所在存储体报废,但另一个存储体仍能工作,整个存储器的最大带宽仍能维持在每个存储周期 4 个字;而如图 6.9(b)所示的 4 体 2 路交叉存取存储器,当一个存储体发生故障时,整个存储器的最大带宽为每个存储周期 6 个字。

(2) 同时存取存储器。

① 结构　同时存取存储器(simultaneous access)是以同步方式同时对所有存储模块进行存取的存储器,简称 S—存储器,其结构如图 6.10 所示。

从图 6.10 可以看出,这种结构的存储器由地址寄存器、存储单元译码器(字译码器)、多

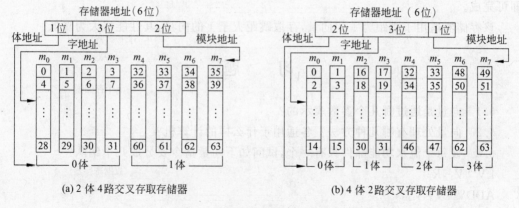

(a) 2 体 4 路交叉存取存储器　　　(b) 4 体 2 路交叉存取存储器

图 6.9　改进的交叉存取存储器

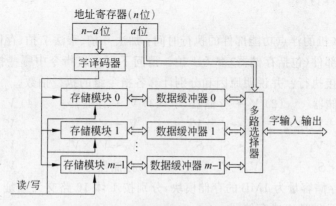

图 6.10　m 路同时存取存储器的结构

路选择器和 $m(2^a)$ 路存储模块和数据缓冲器等器件组成。其中存储器地址的高 $n-a$ 位用来选择 m 个存储模块中所有位移量相同的存储单元,低 a 位通过多路选择器,选通不同的缓冲器进行数据的输入输出。

② 同时存取的原理　该存储器在每个存储周期递增一次高 $n-a$ 位地址的同时,还会接收到一个读写控制信号,驱动各存储模块中相应的存储单元同时进行存取。存数时,要在上一个存储周期,由存储器地址的低 a 位控制多路选择器,把数据(向量分量)一个一个地按顺序存入到各缓冲器;而在本周期结束前一次性地同时存入各缓冲器所对应的各存储模块。取数时,在读写控制信号的驱动下,同时取出各存储模块的相应数据,在本存储周期结束前一次性地同时放入各存储模块所对应的缓冲器内;而在下一个存储周期内,存储器地址的低 a 位控制多路选择器,使各缓冲器里的数据一个一个地按顺序通过多路选择器被读出。

该存储器地址高 $n-a$ 位所选择的各存储模块相应存储单元数据的读写和低 a 位地址控制下通过多路选择器的缓冲器内数据的输入输出各占一个存储周期,为提高该存储器的性能,存储模块的写操作与缓冲器通过多路选择器的存数操作、存储模块的读操作与缓冲器通过多路选择器的取数操作都安排在一个存储周期内重叠进行,即存储模块的写周期与缓冲器为准备存储模块下次写所需数据的周期、存储模块的读周期与缓冲器取走由存储模块上次读出而送来数据的周期皆用同一个存储周期,这样,m 个字的读写只需一个存储周期即可完成。

该存储器适用于跳距为 1 的向量,存取跳距大于 1 的向量,其性能将大为降低。

习　题

6.1　向量是通过哪几个参数表示的?

6.2　向量处理有哪几种方法? 各适用于什么样的计算机?

6.3　设每个流水功能部件只有一个,试问如下向量指令要分成几个编队?

LV　V_1, R_x

ADDV　V_3, V_2, V_1

LV　V_4, R_y

ADDV　V_5, V_4, V_3

SV　R_y, V_5

6.4　Cray-1 机的浮点功能部件的执行时间:加法 6 拍、乘法 7 拍、存储器读 6 拍、存寄存器和启动功能部件(包括存储器)都为 1 拍。请问下列 4 组指令中哪些指令可并行执行? 哪些指令可以链接执行? 并说明原因和分别计算各指令组的执行拍数。

(1) $V_0 \leftarrow$ 存储器　　(2) $V_3 \leftarrow$ 存储器　　(3) $V_3 \leftarrow$ 存储器　　(4) $V_0 \leftarrow$ 存储器

$V_3 \leftarrow V_2 + V_1$　　　　$V_2 \leftarrow V_1 + V_0$　　　　$V_2 \leftarrow V_1 + V_0$　　　　$V_2 \leftarrow V_1 + V_0$

$V_6 \leftarrow V_5 + V_4$　　　　$S_2 \leftarrow S_1 + S_0$　　　　$V_4 \leftarrow V_3 \times V_2$　　　　$V_3 \leftarrow V_2 \times V_1$

$S_2 \leftarrow S_1 + S_0$　　　　$V_4 \leftarrow V_3 \times V_0$　　　　存储器 $\leftarrow V_4$　　　　$V_5 \leftarrow V_4 \times V_3$

6.5　16 个存储容量为 1MB 的存储模块,分别按 1 体 16 路交叉编址、2 体 8 路交叉编址和 4 体 4 路交叉编址组成存储器。

(1) 3 种存储器按字节寻址的地址格式各是什么?

(2) 假定有一个存储模块发生故障,3 种存储器所能获得的最大带宽是多少?

(3) 3 种存储器的优、缺点各是什么?

6.6　一台向量机有两种执行方式:一种是向量方式,执行速度 R_v 为 10MFLOPS;另一种是标量方式,执行速度 R_s 为 1MFLOPS。两种方式不能同时执行,设该机所执行的典型程序代码中可向量化部分的百分比为 α。

① 推导出该机平均执行速率 R_a 的公式;

② 画出以 α 为横坐标,R_a 为纵坐标的曲线,α 取值范围为(0,1);

③ 要使 R_a 达到 7.5MFLOPS,向量化百分比 α 应多大?

④ 假设 $R_s = 1$MFLOPS,$\alpha = 0.7$,要使 R_a 达到 2MFLOPS,这时 R_v 应多大?

第7章 计算机系统总线

本章介绍现代计算机系统实现数据输入/输出的系统总线,内容包括系统总线结构、标准和总线接口及其标准。

7.1 系统总线结构

这里所说的系统总线,是指连接组成计算机系统的各部分的总线,即前面所提到的外部总线,包括处理器总线,主存总线和I/O总线。本节介绍计算机系统的总线结构。

1. 外设的寄存器与外设的编址

(1) 外设的寄存器 CPU与外设的数据传送,实际上是CPU中的寄存器与外设寄存器之间的数据传送,故常把外设寄存器称为外设的端口。外设中的寄存器主要有3类。

① 外设状态寄存器 这类寄存器是用来反映外设状态的,如"忙"、"准备好"、"错误"等。

② 数据缓冲寄存器 一般的外设都设有一个或多个数据缓冲寄存器,用来存放CPU与外设之间所传送的数据。

③ 索引寄存器 一些寄存器较多的外设,一般还设有索引寄存器,用来确定哪个寄存器将被CPU访问。

(2) 外设的编址 外设的编址,实际上,就是外设中寄存器的编址。外设有两种编址方式。

① 与主存统一编址 在这种方式中,是把外设中的寄存器同主存中的存储单元一样看待,将它们同主存的存储单元一起联合编排地址。在这种统一编址的计算机中,可以使用访问主存的指令(简称访主指令)访问外设,无须有专门用于访问外设寄存器的所谓I/O指令。

② 主存与外设分别编址 在这种方式中,外设的地址与主存的地址是分别编排的,因此,必须有专门的访问外设寄存器的I/O指令。

2. 双总线结构计算机

(1) 特点 这种总线结构的计算机如图7.1所示,其特点如下:

① 整个计算机系统有两条总线,即主存总线和I/O总线,两条总线都连接着CPU,故称这种结构是面向CPU的。

② 主存和外设分别连在不同的总线上,它们必须分别编址,因此,访问外设寄存器,就必须使用I/O指令。

(2) 优缺点分别如下:

① 优点 总线负载较轻。

② 缺点:

• 主存与外设之间的数据传送必须经过

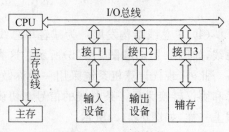

图7.1 双总线结构

CPU,故传送速度受到限制。

- 外设的扩展受I/O总线的制约。
- 用户必须熟悉两套指令,即访主指令和I/O指令。

3. 单总线结构计算机

单总线结构是对双总线结构的改革,是计算机系统结构发展过程中的一次进步。

(1) 特点　整个计算机系统只有一条由数据总线、地址总线和控制总线组合而成的单总线。各个设备,包括CPU、主存和外设,都直接连接在这条总线上,可以统一编址,各设备之间通过这条总线来传送数据。

(2) 优缺点分别如下:

① 优点　便于系统扩展。也就是说,要增加外设,只要通过接口,把外设接到总线上即可。正因为如此,我们说,这种计算机系统结构是面向系统的。

② 缺点　由于所有数据都得通过这条总线传送,故总线负载过重。

(3) 单总线结构的分类。

① 主存与外设统一编址的单总线结构　如图7.2所示。

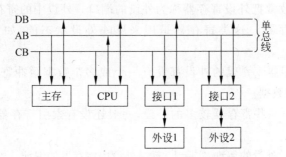

图7.2　统一编址的单总线结构

② 主存与外设分别编址的单总线结构　如图7.3所示。

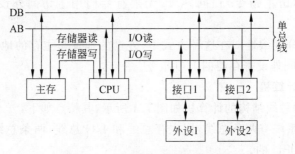

图7.3　分别编址的单总线结构

(4) 单总线结构发展　为减轻单总线的负载,可在CPU与主存之间增加一条高速主存总线,如图7.4(a)和图7.4(b)所示。这类总线是面向主存的结构,也叫做新双总线结构。

此外,现代计算机系统采用一种称做桥的电路来连接两条总线,其负责将一条总线的信号和协议转换为另一条总线的信号和协议,使连接在两条总线上的设备如同连在同一条总线上一样,如图7.4(c)所示。

在图7.4(c)中,处理器总线是处理器本身所定义的总线。由于电气等方面的原因,只有很少的设备可以直接连接到这条总线上。为扩展计算机系统连接的设备数量,该图表示,通过桥电路 A,把第二级总线连接到处理器总线上,又通过桥电路 B,把第三级总线连接到第二级总线上,从而形成了面向外部设备扩展的多级总线结构。

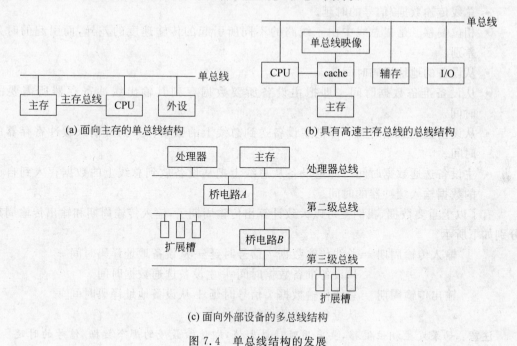

(a) 面向主存的单总线结构

(b) 具有高速主存总线的总线结构

(c) 面向外部设备的多总线结构

图 7.4　单总线结构的发展

7.2　总线标准

现代计算机系统基本上都使用微处理器作为 CPU,因此,本节将讨论适宜微处理器的总线标准。

1. 总线的分类

按总线传输数据的时序方式,总线可分为同步(synchronous)总线和异步(asynchronous)总线。

1) 同步总线

同步总线是指连接在总线上的所有设备都使用总线中的同一根时钟信号线上的总线时钟信号来控制数据输入/输出传输操作的总线。

(1) 同步总线的特点　关于同步总线,必须强调如下 3 点。

① 总线的特点　在同步总线中必须有一根同步信号(即总线时钟信号)线及其所传输的总线时钟信号。总线时钟信号的周期叫做总线周期。该信号的频率一般在 50～150MHz 之间,远远小于微处理器的时钟频率。可见,总线的性能是影响计算机系统性能提高的主要因素。

② 总线传输操作特点　总线上通信双方(主设备与从设备)的操作可由总线时钟信号的电位或其跳变,如上升沿或下降沿来控制。为提高数据传输速率,一般是用电位的跳变来触发操作。主设备是指掌握总线控制权并控制总线操作的设备。通常情况下,CPU 是主设备。从设备是主设备与之通信的被动设备。主、从设备是可以互换角色的,从设备通过向总

线控制权转让逻辑电路申请,在一定条件可以获得总线控制权,从而变为主设备。

③ 传输周期设计上的特点　传输周期是完成一次数据传输,或输入传输,或输出传输的时间。其特点就是设计有一定难度,必须进行如下数据的分析与计算。

- 总线传输数据/信号的时延。
- 相位偏移　是指总线中由于线路的不同所引起的传输速度的差异,而引起的时延差别。
- 从设备的地址译码时间。
- 从设备准备数据时间　即把主设备所要数据存到其输出缓冲寄存器所需要的时间。
- 从设备选通数据时间　即把主设备送到总线上的数据存入到其输入缓冲寄存器的时间。
- 主设备选通数据时间　即主设备从总线上把从设备放到总线上的数据存入到自己的数据输入缓冲器的时间。

有了以上重要数据,我们便可以大致计算出传输周期了,输入传输周期和输出传输周期分别如下所示。

$$输入传输周期 = 总线传输数据 / 信号时延 + 从设备地址译码时间 +$$
$$从设备准备数据时间 + 主设备选通数据时间$$
$$输出传输周期 = 总线传输数据 / 信号时延 + 从设备地址译码时间 +$$
$$从设备选通数据时间。$$

注意:如果发生相位偏移,要采用时延最大值,即传输最慢的那个数据/信号的时延。

(2) 同步总线传输数据的时序。

这里,给出一个同步总线输入传输数据的例子,如图 7.5 所示。所谓输入传输是指主设备请求从设备提供数据,数据经总线传输到主设备数据缓冲器的操作。反向传输,则称为输出传输操作。

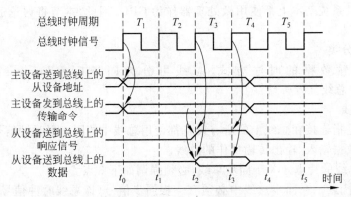

图 7.5　同步总线输入传输时序图

观察图 7.5,对本例应有如下理解。

① 采用时钟信号的上升沿触发设备的操作。从图可以看出,t_0 时刻,主设备把从设备的地址,以及传输命令,如传输请求信号、传输方向命令(读写命令)放到总线上;t_2 时刻,从设备把数据放到总线上;t_3 时刻,主设备从总线上获取数据。总之,双方设备的操作全是由总线时钟信号的上升沿触发的。

② 总线输入传输周期为 $4T$，即 4 个总线周期，时间的具体分配如下。

- T_1+T_2 时间：地址和命令传输时间＋从设备译码时间＋数据准备时间。
- T_3+T_4 时间：从设备把已准备好，且放在其数据输出寄存器中的数据放在总线上的时间。

注意：设计时必须保证上述时间要充裕，以免产生错误传输。

2）异步总线

异步总线是指总线的传输操作不是使用统一的总线时钟信号来控制，取而代之，是通过主设备的数据传输请求信号与从设备的响应信号联动（被喻为握手）而实现数据传输的总线。

（1）异步总线与同步总线的区别　从图 7.6 中可以看到，同步总线中有一根总线时钟信号线，用来传递总线时钟信号。该时钟统一控制总线的传输操作，而异步总线没有这根总线。

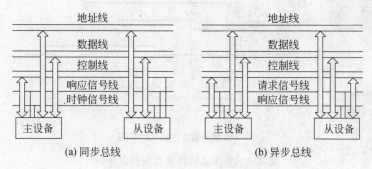

(a)同步总线　　　　　　　(b)异步总线

图 7.6　同步总线与异步总线

（2）异步总线传输数据的时序　从图 7.7 可以看出，输入传输时，从设备在 t_2 时刻把数据放到总线上，主设备在 t_3 时刻选通数据到它的数据缓冲器中；而输出传输时，主设备在 t_0 时刻把从设备地址、传输命令和数据同时放到总线上，从设备在 t_2 时刻从总线上接收数据。

需要强调的是，主设备请求信号必须要在从设备地址和传输命令信号到达从设备且从设备进行了地址译码后，才有效，即置为高电位（置 1）。也就是说，t_0 到 t_1 这段时间是用来保证有足够的时间让从设备进行地址译码的。

注意：图 7.7 中的 $t_0 \sim t_5$ 只是时间标志，与图 7.5 中的 $t_0 \sim t_5$ 不同。图 7.5 中的 $t_0 \sim t_5$ 代表的是每个总线时钟周期的起始时刻；而在异步总线中，根本就没有总线时钟信号，因此，不存在总线周期，图 7.7 中的 $t_0 \sim t_5$ 代表的是总线上出现地址码、命令或数据的时刻，它们两两之间的间隔也未必相等，是根据实际需要确定的。

观察图 7.7 中的主设备的请求信号和从设备的响应信号，可以看出，请求信号的有效使得响应信号生成，而响应信号的有效又使得请求信号撤销；请求信号的撤销又使响应信号也撤销。它们是互锁的。这种握手方式被称为是全互锁，也叫完全握手方式。除此之外，在异步总线中，如果请求信号只引起响应信号有效，而响应信号的有效并不能引起请求信号的撤销，这种握手方式被称为非互锁方式；如果响应信号的有效还能引起请求信号的撤销，那么这种握手方式就被称为半互锁方式。目前，一般都采用全互锁方式，因为这种方式的可靠性最好。

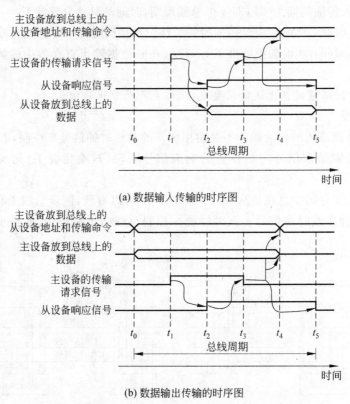

(a) 数据输入传输的时序图

(b) 数据输出传输的时序图

图 7.7　异步总线传输数据的时序图

3）两种总线比较

（1）应用场合　同步总线一般用在总线长度较短、设备运行速度较接近的场合；异步总线可用在总线长度较长、设备运行速度差别较大的场合。可见，从应用灵活度的角度来看，异步总线要好于同步总线。

（2）性能比较　从图 7.6 和图 7.7 可以看出，异步总线要实现一次数据传输需要 4 个端对端的总线传输，传输速率会受到很大影响；而同步总线是通过时钟信号控制来实现数据传输，一次数据传输只有一次传输延时，可以得到较高的传输速率。因此，目前在高速总线中，大多采用同步总线。

（3）设计难度　通过前面对两种总线时序图的分析，不难得出同步总线的时序设计难度较大。难就难在各种数据的分析与设计上，这包括如下几个方面的数据。

① 总线的数据　包括总线速率、设备间的总线长度及传输时延和总线中不同线路的相位偏移等。

② 设备的数据　包括响应速度、准备数据时间或选通数据的时间等。

③ 传输周期的计算　根据以上数据计算出传输周期，并确定各总线周期所触发的传输操作。

2. ISA 总线

（1）ISA 总线　ISA（industry standard architecture，工业标准）总线，是 IBM 公司为其生产的 PC 系列微型计算机制定的总线标准。ISA 实质上是处理器总线，它属于同步总线。

（2）信号的定义　ISA 总线由 62 条信号线与扩展的 36 条信号线所形成，如图 7.8 所示。ISA 总线可分成 ISA-8 位总线和 ISA-16 位总线。ISA-16 位总线包括 24 位地址线、16 位数据线、16 个中断请求信号、7 个 DMA 通道的信号。ISA 总线的信号定义如表 7.1 所示。

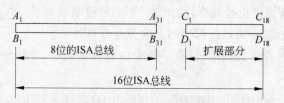

图 7.8　ISA 总线结构

表 7.1　ISA 总线的信号定义

引线	信　号	引线	信　号	引线	信　号	引线	信　号
A_1	−I/O CHCK	A_{26}	A_5	B_{20}	CLK	C_{14}	SD11
A_2	D_7	A_{27}	A_4	B_{21}	IRQ7	C_{15}	SD12
A_3	D_6	A_{28}	A_3	B_{22}	IRQ6	C_{16}	SD13
A_4	D_5	A_{29}	A_2	B_{23}	IRQ5	C_{17}	SD14
A_5	D_4	A_{30}	A_1	B_{24}	IRQ4	C_{18}	SD15
A_6	D_3	A_{31}	A_0	B_{25}	IRQ3	D_1	−MEMCS16
A_7	D_2	B_1	GND	B_{26}	−DACK2	D_2	−I/O CS16
A_8	D_1	B_2	RESET DRV	B_{27}	T/C	D_3	IRQ10
A_9	D_0	B_3	+5V	B_{28}	ALE	D_4	IRQ11
A_{10}	I/O CHRDY	B_4	IRQ9	B_{29}	+5V	D_5	IRQ12
A_{11}	AEN	B_5	−5V	B_{30}	OSC	D_6	IRQ15
A_{12}	A_{19}	B_6	DRQ2	B_{31}	GND	D_7	IRQ14
A_{13}	A_{18}	B_7	−12V	C_1	SBHE	D_8	−DACK0
A_{14}	A_{17}	B_8	−CARD SLCTD	C_2	LA23	D_9	DRQ0
A_{15}	A_{16}	B_9	+12V	C_3	LA22	D_{10}	−DACK5
A_{16}	A_{15}	B_{10}	GND	C_4	LA21	D_{11}	DRQ5
A_{17}	A_{14}	B_{11}	−MEMW	C_5	LA20	D_{12}	−DACK6
A_{18}	A_{13}	B_{12}	−MEMR	C_6	LA19	D_{13}	DRQ6
A_{19}	A_{12}	B_{13}	−IOW	C_7	LA18	D_{14}	−DACK7
A_{20}	A_{11}	B_{14}	−IOR	C_8	LA17	D_{15}	DRQ7
A_{21}	A_{10}	B_{15}	−DACK3	C_9	−MEMR	D_{16}	+5V
A_{22}	A_9	B_{16}	DRQ3	C_{10}	−MEMW	D_{17}	−MASTER
A_{23}	A_8	B_{17}	−DACK1	C_{11}	SD08	D_{18}	GND
A_{24}	A_7	B_{18}	DRQ1	C_{12}	SD09		
A_{25}	A_6	B_{19}	−REFRESH	C_{13}	SD10		

注：表中信号名前标有一的，表示低电平有效，以下同。

(3) 优缺点分析　ISA 总线的优点主要体现在其开放性的体系结构，顺应了微型计算机从 8 位到 16 位的过渡，也可供 32 位微型计算机使用，适应性很强。存在的主要问题是其单用户结构，与多用户相矛盾，表现在以下几个方面。

① ISA 总线的 8 位插槽共用一个 DMA 请求，如果一个设备请求占用，其余只好等待。

② ISA 总线没有提供中断共享，两级 8259 中断控制器提供 15 个中断，其中一些被固定分配给一些特定的设备，所以在配置时经常发生中断冲突。

③ 在总线 I/O 过程的实现中，只有一个 I/O 过程完成后，才能继续另一个 I/O 过程。

3. EISA 总线

EISA(extended industrial standard architecture)总线是对 ISA 总线的扩充，即扩充的工业标准总线。由 Compaq、HP、AST、Epson、NEC 等 9 家公司于 1988 年联合推出。

(1) 插槽结构和信号定义　EISA 总线的插槽的外形与 ISA 总线的完全相同，但插槽为两层结构。第一层的引线定义与 ISA 的一样，即囊括了 ISA 的 $A(A_1 \sim A_{31})$、$B(B_1 \sim B_{31})$、$C(C_1 \sim C_{18})$、$D(D_1 \sim D_{18})$，共 98 条引线。第二层的引线是 EISA 的扩充部分，在 A、B、C、D 4 列引线的下面分别有 $E(E_1 \sim E_{31})$、$F(F_1 \sim F_{31})$、$G(G_1 \sim G_{19})$、$H(H_1 \sim H_{19})$ 4 列引线，除去 10 个访问键，共 90 条引线。

EISA 插槽中的 E、F、G、H 4 列引线的信号定义如表 7.2 所示。

表 7.2　EISA 总线的扩充部分的信号定义

引线	E 列信号	F 列信号	G 列信号	H 列信号
1	$-CMD$	GND	LA_7	LA_8
2	$-START$	+5V	GND	LA_6
3	EXRDY	+5V	LA_4	LA_5
4	$-EX32$	××××××	LA_3	+5V
5	GND	××××××	GND	LA_2
6	ACCESS KEY	ACCESS KEY	ACCESS KEY	ACCESS KEY
7	$-EX_{16}$	××××××	D_{17}	D_{16}
8	$-SLBURST$	××××××	D_{19}	D_{18}
9	$-MSBURST$	+12V	D_{20}	GND
10	$W/-R$	$M-IO$	D_{22}	D_{21}
11	GND	$-LOCK$	GND	D_{23}
12	RESERVED	RESERVED	D_{25}	D_{24}
13	RESERVED	GND	D_{26}	GND
14	RESERVED	RESERVED	D_{28}	D_{27}
15	GND	$-BE_3$	ACCESS KEY	ACCESS KEY
16	ACCESS KEY	ACCESS KEY	GND	D_{29}
17	$-BE_1$	$-BE_2$	D_{30}	+5V
18	LA_{31}	$-BE_0$	D_{31}	+5V
19	GND	GND	$-MREQ$	$-MAK$
20	LA_{30}	+5V	—	—
21	LA_{28}	LA_{29}	—	—
22	LA_{27}	GND	—	—

引线	E 列信号	F 列信号	G 列信号	H 列信号
23	LA$_{25}$	LA$_{26}$		
24	GND	LA$_{24}$		
25	ACCESS KEY	ACCESS KEY		
26	LA$_{15}$	LA$_{16}$		
27	LA$_{13}$	LA$_{14}$		
28	LA$_{12}$	+5V		
29	LA$_{11}$	+5V		
30	GND	GND		
31	LA$_9$	LA$_{10}$		

注：F 列中 4 个××××××引脚是备系统板使用的引脚，通常不用，EISA 扩展板不要与这几个引脚连接。

注意：表中的访问键（ACCESS KEY），是在 EISA 总线的插槽上，实际上就是插销，使 EISA 总线的插槽既可以插 ISA 总线的扩展板，又可以插 EISA 总线的扩展板。当插前者时，由于其扩展板没有与访问键相对应的访问槽口，扩展板受访问键的阻挡，只能接通第一层的引线。而插后者时，由于其扩展板有与访问键相对应的访问槽口，所以一直能插到底，两层的引线可全部接通。这样，就可以实现 ISA 总线与 EISA 总线的向上兼容。

（2）优缺点分析。

① 优点　同 ISA 标准兼容；开放式体系结构；32 位总线结构，数据传输率最高可达 32MB/s。

② 缺点　为了与 ISA 兼容，性能提高受到一定限制。

4. PCI 总线

PCI（peripheral component interconnect，外部设备互连）总线也是同步总线，由 Intel 公司于 1992 年提出，用于连接微处理器和输入输出设备。

（1）性能特点

① PCI 总线能适应外设速度的提高　一般认为输入输出总线的数据传送速度应当是外设的 3～5 倍，对图形显示的要求的提高和硬盘性能的提高，现有的 ISA 总线和 EISA 总线显然已不适应。PCI 总线具有 32 位数据线，数据以数据块形式传送，数据传送速度最高为 133MBps；其数据线可扩充到 64 位数据线，此时的数据传送速度最高为 266MBps。

② PCI 总线是独立于微处理器的总线　总线时钟和微处理器的外部时钟是分别独立的，并且可以设置多个总线主控器。

③ PCI 总线是复用且能扩展的总线　PCI 总线的地址/数据总线复用，并且可从 32 位扩展到 64 位。信号线必用的是 50 条，可选的是 52 条，扩展插件是 124 脚。

④ PCI 总线支持 I/O 设备即插即用　在 PCI 总线上，要连接一台新设备，只需将设备通过接口插件连接到总线上即可。

⑤ 电源电压有+5V 和+3.3V 两种。

（2）典型用法

① PC 总线结构　在使用 PCI 总线的个人计算机中，微处理器总线和 PCI 总线之

间以大规模集成桥电路连接,此桥电路往往兼做高速缓冲存储器控制器和存储器控制器。数据缓冲器大规模集成电路在处理器总线和主存储器之间,以及处理器总线和PCI总线之间进行数据传送时,可以起尽快开放总线的作用。在 PCI 总线上,连接着图形控制器大规模集成电路和磁盘控制器大规模集成电路(即 IDE 控制器和 SCSI 控制器),还有连接 Ethernet 控制器的大规模集成电路。此外,还备有 ISA 总线、EISA 总线或独家结构总线的扩展槽,以求能够利用现有的扩展电路板。PCI 总线结构的个人计算机如图 7.9 所示。

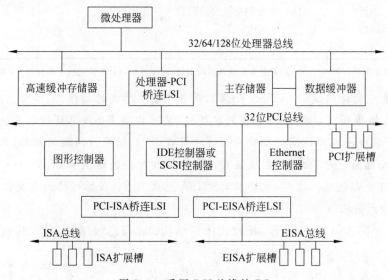

图 7.9 采用 PCI 总线的 PC

② 多处理器结构 PCI 总线也适用于多处理器结构。在这种结构中,由于备有多条 PCI 总线,性能得到提高,并且具有可以增加扩展槽数目的优点,其结构如图 7.10所示。

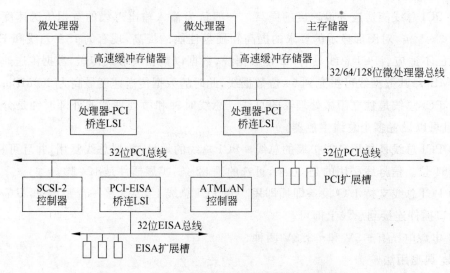

图 7.10 采用 PCI 总线的多处理器结构的计算机

7.3 总线接口及其标准

外设与总线连接的地方叫总线接口(interface)，其含义就是外设与总线的连接处，或者说是交界面。

1. 接口电路

接口实际上是一个电路，叫接口电路。接口电路主要由译码电路和寄存器组成。根据需要，寄存器可以是缓冲寄存器，或锁存寄存器，也可以是两者都有。寄存器根据功能可分为数据寄存器、控制寄存器和状态寄存器，分别用来存放数据、控制信号和状态数据。接口电路的一侧连在总线上；另一侧用来连接外设，这一侧一般有插槽，习惯上称做端口。接口的示意图如图 7.11 所示。

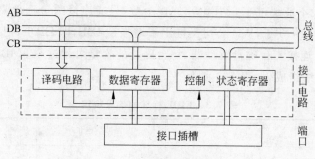

图 7.11 接口示意图

2. 接口的种类

由于接口所传送的信号及其传送方式的多样性，接口的种类也是多种多样的。

(1) 输入接口与输出接口 按传送数据的方向，接口可分为输入接口和输出接口。输入接口是指数据从外设经总线向主机(或 CPU)传送数据的接口；反之，从主机(或 CPU)经总线向外设传送数据的接口，叫输出接口。

(2) 数字接口与模拟接口 按所传送的信号的种类，接口可分为数字接口与模拟接口。数字接口所传送的数据，一般为二进制数据。模拟接口所传送的信号为模拟信号。输入模拟接口电路中，要有 AD 转换器，把接口接收到的模拟信号，转换为计算机认识的二进制数据；输出模拟接口电路中，要有 DA 转换器，把主机(或 CPU)传送到接口的二进制数据，转换为模拟信号，供外设使用。

(3) 并行接口与串行接口 按接口传送数据的方式，接口可分为并行垫口和串行接口。并行接口并行输入输出二进制数据；而串行接口串行输入输出二进制数据。

(4) 异步串行接口与同步串行接口 串行接口根据数据传送方式，可分为异步和同步两种接口，两者的区别在于接收端的时钟与发送端的时钟是否同步。异步串行接口虽然其发送器(由发送移位寄存器、发送缓冲寄存器和发送同步控制电路组成)和接收器(由接收移位寄存器、接收缓冲寄存器和接收同步控制电路组成)各有独立的时钟信号，且这两个时钟信号具有相同的额定频率，但并不需要保证它们有相同的相位和频率；而在同步串行接口中，接收器的接收时钟是从接收数据中分离出来的，以此作为接收数据的频率，而不是依靠独立的本地时钟,这样,接收端的时钟就与发送端的时钟保持同步了,也就可以正确地复原传送的数据。

以上 4 种分法是较概括的分类方法。此外,接口还可以按所连接的设备来分,例如,键盘接口、显示器接口、打印机接口等。

3. 接口标准

接口标准是指总线端口的机械结构标准,物理性能和电气指标,其中最关心的是引线的条数以及每条线所传送信号的规定。这里也按并行和串行,分别介绍几种常用的接口标准。

(1) 并行接口标准　常用的并行接口标准有 IDE、EIDE 和 SCSI。

① IDE(intergrated device electronics) 和 EIDE　IDE 是集成器件接口标准、由 COMPAQ 和 WD 公司于 1984 年联合推出,只能连接磁盘驱动器。由于该标准限制了磁盘的数据传输率(一般不能超过 1.5MBps)、连接个数(只能连接两台磁盘驱动器)和磁盘容量(不能超过 528MB),1993 年,WD 公司又推出了增强型 IDE,即 EIDE,把磁盘的数据传输率提高到 18MBps,可连接 4 台磁盘驱动器,每台磁盘的容量可超过 528MB。

EIDE 由 40 条线组成,如表 7.3 所示。

表 7.3　EIDE 标准的信号规定

线　号	信　号	线　号	信　号
1	RESET	2	GND
3	D_7	4	D_8
5	D_6	6	D_9
7	D_5	8	D_{10}
9	D_4	10	D_{11}
11	D_3	12	D_{12}
13	D_2	14	D_{13}
15	D_1	16	D_{14}
17	D_0	18	D_{15}
19	GND	20	KEY
21	DRQ3	22	GND
23	$\overline{\text{IOW}}$	24	GND
25	$\overline{\text{IOR}}$	26	GND
27	IOCHRDY	28	BALE
29	DACK$_3$	30	GND
31	IRQ$_{14}$	32	$\overline{\text{IOCS}_{16}}$
33	A_1	34	GND
35	A_0	36	A$_2$
37	$\overline{\text{CS}_0}$	38	$\overline{\text{CS}_1}$
39	Activity	40	GND

② SCSI(small computer system interface)　是小型计算机系统接口标准,1986 年美国国家标准(ANSI)根据 X3.131 而定义的一种接口标准。该标准定义了 50 条信号线,数据传输率可达 5MBps,电缆最长可达 25m。后经多次修改,又定义了 SCSI-2 和 SCSI-3,引脚也由原来的 50 条线,发展到 68 和 80 条,数据传输率达到几百 MBps。

使用 SCSI 时,可有好几个选项。在数据线选项上,可以选用 8 位数据线,称为窄总线,一次传送一个字节数据;也可以选用 16 位数据线,称为宽总线,一次传输 16 位数据。SCSI 的数据线现已扩展到 32 位。

在电信号的选项方面,SCSI 可有两种选择。一种是单端传输方式,一个信号用一条线传送,所有信号使用一个共用地返回;另一种是差分传输方式,每个信号都有单独的返回线,即一个信号用两条线传送。这种方式有两种电平标准,早期的标准是使用 5V(TTL)电平,称为高电平差分(HVD);后来又推出 3.3V 的标准,称为低电平差分(LVD)。这里,以 50 线的 SCSI 为例,说明单端方式与差分方式的区别,如表 7.4 和表 7.5 所示。

表 7.4　50 线 SCSI 的单端方式

线号	信号	说明	线号	信号	说明
1	GND	地	2	DB1	数据位 1
3	GND	地	4	DB2	数据位 2
5	GND	地	6	DB3	数据位 3
7	GND	地	8	DB4	数据位 4
9	GND	地	10	DB5	数据位 5
11	GND	地	12	DB6	数据位 6
13	GND	地	14	DB7	数据位 7
15	GND	地	16	DB8	数据位 8
17	GND	地	18	DBP	奇偶校验位
19	GND	地	20	GND	地
21	GND	地	22	GND	地
23	GND	地	24	GND	地
25	OPEN	未用	26	TERMPWR	电源
27	GND	地	28	GND	地
29	GND	地	30	GND	地
31	GND	地	32	ATN	报文准备好
33	GND	地	34	GND	地
35	GND	地	36	BSY	忙信号
37	GND	地	38	ACK	响应信号
39	GND	地	40	RST	复位外设
41	GND	地	42	MSG	信号类别提示
43	GND	地	44	SEL	外设选择
45	GND	地	46	C/D	控制/数据
47	GND	地	48	REQ	请求信号
49	GND	地	50	I/O	输入输出

表 7.5　50 线 SCSI 的差分方式

线号	信号	说　明	线号	信号	说　明
1	GND	地	2	GND	地
3	+DB1	数据位 1	4	−DB1	数据位 1
5	+DB2	数据位 2	6	−DB2	数据位 2
7	+DB3	数据位 3	8	−DB3	数据位 3
9	+DB4	数据位 4	10	−DB4	数据位 4
11	+DB5	数据位 5	12	−DB5	数据位 5
13	+DB6	数据位 6	14	−DB6	数据位 6
15	+DB7	数据位 7	16	−DB7	数据位 7
17	+DB8	数据位 8	18	−DB8	数据位 8
19	+DBP	奇偶数验位	20	−DBP	奇偶校验位
21	DENABLE	总线允许信号	22	GND	地
23	GND	地	24	GND	地
25	TERMPWR	电源提供	26	TERMPWR	电源
27	GND	地	28	GND	地
29	+ATN	准备好报文	30	−ATN	报文准备好
31	GND	地	32	GND	地
33	+BSY	忙信号	34	−BSY	忙信号
35	+ACK	响应信号	36	−ACK	响应信号
37	+RST	复位外设	38	−RST	外设复位
39	+MSG	信息类别提示	40	−MSG	信息类别提示
41	+SEL	选择外设	42	−SEL	外设选择
43	+C/D	控制/数据	44	−C/D	控制/数据
45	+REQ	请求信号	46	−REQ	请求信号
47	+I/O	输入输出	48	−I/O	输入输出
49	GND	地	50	GND	地

　　50 线 SCSI 总线使用 50 芯的扁平电缆连接,可连接的设备除磁盘驱动器外,还可以是磁带机、光盘驱动器、打印机和扫描仪等。

　　③ AGP(accelerated graphics port)　是图形加速接口标准。以往的图形适配器只能起到 CPU 与显示器之间的连接作用,为了提高三维图形和图像的处理速度,便产生了 AGP 接口标准。该接口可通过芯片级的集线器与主存连接起来,其总线宽度为 32 位,时钟频率为 66MHz,最高传输率为 528MBps。其连接图如图 7.12 所示。图中出现的所谓北桥、南桥等芯片级的集线器,构成了一个芯片组(chipset),把计算机系统连接在一起。

　　(2) 串行接口标准　常用的串行接口标准有 RS 232-C、RS 485 和 USB。

　　① RS 232-C　是一种串行总线接口标准,适用于连接数据终端设备(DTE)和数据通信设备(DCE),由美国电子工业协会(EIA)于 1969 年从 CCITT 远程通信标准中汇总得来。它有 25 条线,端口为 D 型插座,如表 7.6 所示。

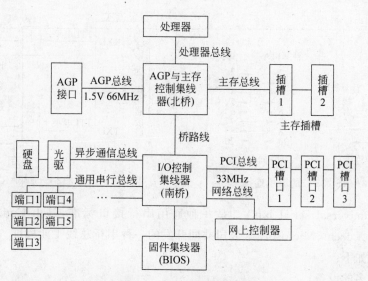

图 7.12　AGP 及其连接

表 7.6　RS 232-C 的信号定义

D 型插座第一排(自左至右)			D 型插座第二排(自左至右)		
线号	信号	说明	线号	信号	说明
＊1		保护地	14	TXD	辅信道发送数据
＊2	TXD	发送数据	＊15	DST	发送信号定时(DCE 源)
＊3	RXD	接收数据	16	RXD	辅信道接收数据
＊4	RTS	请求发送	＊17	DRT	接收信号定时(DCE 源)
＊5	CTS	清除发送	18		未定义
＊6	DSR	数据装置就绪	19	RTS	辅信道请求发送
＊7		信号地(公共回线)	＊20	DTR	数据终端就绪
＊8	DCD	传送检测	＊21	DQD	质量检测
9	保留	供数据装置测试用	＊22	RI	振铃指示
10	保留	供数据装置测试用	＊23	CPS	速率选择(DTE/DCE 源)
11		未定义	＊24	DST	发送信号定时(DTE 源)
12	DCD	辅信道接收线信号检测	25		未定义
13	CTS	辅信道清除发送			

注：表中带＊者为主信道,共 15 条。

RS 232-C 的简单连接如图 7.13 所示。

RS 232-C 的电气规范是,逻辑 1 的电平为－5V～－15V,逻辑 0 的电平为＋5V～＋15V,这显然与 TTL 的逻辑电平不同。因此,RS 232-C 要与 TTL 电路相连时,必须用 MC 1488 和 MC 1489 芯片进行电平转换,如图 7.14 所示。

② RS 485　是一种半双工通信标准,它的一对线路既可进行收发双方通信,也适用于多站联网。RS 485 收发器采用平衡发送、差分接收,具有抑制共模干扰的能力和高灵敏度,能检测到 200mV 的电压,信号传送距离可达上千米。

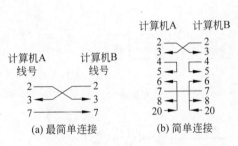

（a）最简单连接　　　（b）简单连接

图 7.13　RS 232-C 的简单连接

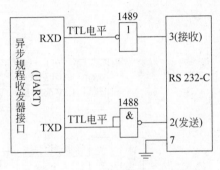

图 7.14　RS 232-C 与 UART 的连接

③ USB（universal serial bus）　是一种通用串行接口标准,是由 Compaq、Hewlett-Packard、Intel、Lucent、Microsoft 等公司共同开发的一种串行总线工业标准。

功能特点如下：

能连接较多的设备；

能实现各种网络互连,具有电话和互联网连接器；

可提供电源,即使用一个自供电的集线器来补充功耗；

采用即插即用操作方式；

支持三种操作速度：低速（1.5Mbps）、全速（12Mbps）和高速（480Mbps）；

采用树形体系结构。

习　题

7.1　系统总线有哪几种结构？各是面向什么的？

7.2　什么是总线接口？接口中包含哪些器件？

7.3　目前计算机系统常用的并行接口标准有哪些？功能与性能如何？

7.4　目前计算机系统常用的串行接口标准有哪些？功能与性能如何？

7.5　一台计算机有 16 根地址线 $A_{15} \sim A_0$,分配给一台 I/O 设备的地址是 7BC3H,如果该设备地址译码器忽略 $A_{10}A_{11}$ 两根线,那么该设备将对哪些地址有响应？

第8章　计算机主机与外设的数据传送方式

计算机主机与外设之间的数据传送方式有程序查询、程序中断、直接存储器访问和通道4种方式。本章介绍这4种方式。

8.1　程序查询方式

所谓程序查询方式是CPU通过软件来实现其与外设进行数据传送的方式,因此,也叫程序直接控制方式(programed direct control)。

1. I/O指令

I/O指令一般具有如下功能。

① 启停设备的功能　置1或置0外设控制寄存器的某些位,就可以控制外设实现某种动作,如启动、关闭等。

② 测试外设状态的功能　输入指令可从外设状态寄存器中取出其内容,以判别外设当前的状态。

③ 传送数据的功能　使用输入指令,可把外设数据寄存器中的数据传送到CPU某寄存器中;而使用输出指令,CPU某寄存器中的数据可以传送到外设的数据寄存器中。

2. 程序查询方式的工作过程

(1) 工作过程　按如下步骤进行。

① CPU往地址总线上发送外设的地址码,选定CPU将要访问的外设。

② CPU从外设状态字寄存器中读入状态字。

③ CPU分析状态字,确定能否进行数据传送。

④ 若外设准备好,则进行数据传送,否则,重复②、③两步,等待外设准备好,如图8.1所示。数据传送一般是通过调用I/O服务子程序实现的。

⑤ 在CPU与外设的数据缓冲寄存器之间进行数据传送时,要复位状态标志。

(2) 多台外设的程序查询过程　当计算机系统带有多台外设时,应根据各外设的重要程度,把它们排队,重要的外设要首先查询,这叫优先级排队。这样,多台外设的查询及CPU与外设的数据传送过程便如图8.2所示。

(3) 服务子程序的功能　各外设的服务子程序均应包括如下功能。

① 实现数据传送。输入和输出的数据传送过程分别如下所示。

- 输入　主存单元 $\xleftarrow{\text{访主指令}}$ CPU通用寄存器 $\xleftarrow{\text{I/O指令}}$ 外设的数据缓冲寄存器

- 输出　主存单元 $\xrightarrow{\text{访主指令}}$ CPU通用寄存器 $\xrightarrow{\text{I/O指令}}$ 外设的数据缓冲寄存器

② 修改主存地址,为下次数据传送做准备。

③ 修改传送字节数。

④ 进行状态分析或其他控制功能。

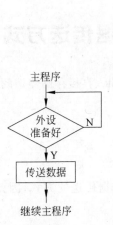

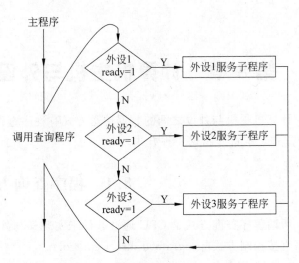

图 8.1　程序查询方式工作过程　　　　　图 8.2　多外设的程序查询方式

3. 程序查询方式的特点及优缺点

(1) 特点　CPU 与外设处于串行工作方式。也就是说,在这种方式中,CPU 要么执行主程序,要么执行外设的服务子程序,主程序和服务子程序是连续执行的,不能同时进行,故叫串行工作。

(2) 优点　不需要硬件设计,只是编个程序就能实现,比较经济,实现也容易。

(3) 缺点　不管是执行服务子程序,还是查询外设是否准备好,都是靠 CPU 执行的,都得占用 CPU。查询过程就是 CPU 等待慢速外设的过程。可见,程序查询方式的执行速度是很慢的。

8.2　程序中断方式

中断是现代计算机系统普遍采用的一项技术,是 20 世纪 60 年代初发展起来的,最早采用此项技术的计算机有 IBM 7094 和 DEC 的 PDP-11 机。本节在说明中断概念的基础上,介绍主机与外设之间数据传送的程序中断方式。

1. 中断的概念

(1) 中断(interrupt)　是指中断 CPU 的现行工作,即中断 CPU 正在执行的程序,而转去执行相应的中断服务程序,待中断服务程序执行完毕,再返回到原程序继续执行。中断方式的特点及优缺点如下。

① 特点　CPU 与外设并行工作,即 CPU 在执行中断服务程序以外的程序时,外设可以准备数据或处理数据。

② 优点　CPU 无需像程序查询方式那样等待外设,效率高。

③ 缺点　执行中断服务程序,还需占用 CPU。

(2) 中断的分类。

① 一般的分类。

• 硬中断　是指只用硬件,不用软件即可实现的中断。由于输入输出设备一般是通过硬件向 CPU 提出中断申请,CPU 响应后才能进行的中断,故有人把这类中断叫做

I/O 中断。

- 软中断　是指由软件实现的中断。一般是由中断指令来完成。
- 自愿中断　这类中断不是随机发生的,而是事先在程序中安排好的。陷阱指令的功能相当于自愿中断。
- 强迫中断　这是随机发生的中断,包括硬件故障,程序错误和外设请求等引起的中断。

② PC 的中断分类,如图 8.3 所示。

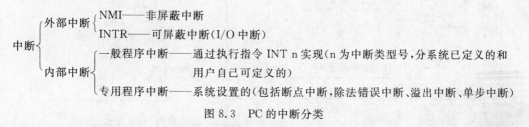

图 8.3　PC 的中断分类

(3) 中断系统　实现中断的硬件和软件所组成的系统。

(4) 中断源　是引起中断的原因和设备。这里所说的原因可以理解为是软件方面造成中断的原因;设备当然是指引起中断的硬件。可见,要说中断源就应该把软件和硬件两个方面都考虑进去。

2. 优先权

(1) 中断优先权　当多个外设同时向 CPU 发出中断请求时,CPU 就要根据各设备的轻重缓急,对这些设备进行排队,先响应紧迫程度高的设备的请求。这就是说,各设备的中断优先级别是不同的。这种按轻重缓急给各设备所定的优先级别就叫中断的优先权。

(2) PC 的中断优先权　如图 8.4 所示。

(3) 判优方法　判别各设备优先权级别的方法有以下两种。

> 除法错误中断, INT 0, INT n
> NMI(非屏蔽中断)
> INTR(外设中断)
> 单步中断
> 优先权高
>
> 图 8.4　PC 的中断优先权

① 软件判优　软件中断判优的程序流程图如图 8.5 所示。

② 硬件判优　由门电路所组成的一个硬件中断判优电路如图 8.6 所示。

3. 程序中断的处理过程

程序中断一般需要如下 5 步。

① 中断源提出中断请求　中断源向 CPU 发出中断请求需要具备以下两个条件。

- 外设本身工作完毕。
- 系统允许外设发中断请求。

② 中断判优。

③ 中断响应　排队判优后得到一个优先权高的中断请求信号,称做中断批准信号。CPU 接到中断批准信号后 ,便响应中断,进行如下处理。

- 中断现行程序。
- 保护现场。
- 中断服务程序入口地址送入程序计数器。

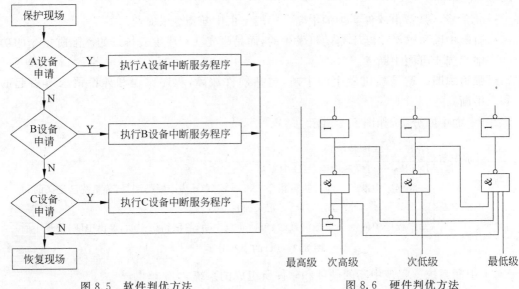

图 8.5 软件判优方法   图 8.6 硬件判优方法

④ 中断处理 即 CPU 执行中断服务程序。

⑤ 中断返回 由事先放在中断服务程序末尾的一条中断返回指令实现。

4. 多重中断

多重中断是指在处理某一中断过程中,又有比该中断优先权高的中断请求,于是中断原中断服务程序的执行,而又转去执行新的中断处理。这种多重中断又被称做中断嵌套。

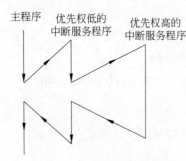

图 8.7 多重中断示意图

1)特点

① 有相当数量的中断源。

② 每个中断被分配一个优先级别。

③ 优先权高的可打断优先权低的中断服务程序,如图 8.7 所示。

2)中断响应次序与中断处理次序

中断响应次序由排队判优电路决定,按优先权从高到低依次响应。为了能够灵活地控制中断处理次序,目前,一般计算机都在 CPU 中增设有中断屏蔽寄存器,用来为每一级中断设置屏蔽字,以确定多级中断的处理完成次序。中断屏蔽寄存器一般包含在程序状态字寄存器(program state word)中,每一位对应着一个中断源,各位的值由操作系统设置,为 1 的位屏蔽掉相应的中断请求;为 0 的位则允许相应的中断请求通过。未屏蔽掉的中断请求进入排队判优电路,参与排队判优,优先权高的中断请求优先被响应。注意,非中断服务程序,即一般用户程序,所对应的屏蔽字各位应该均为 0,这是因为其优先级别应低于所有中断程序,否则,有些中断服务的请求就得不到批准。

【例 8.1】 某计算机系统有 4 级中断,优先权由高到低为 1 级、2 级、3 级、4 级。假定屏蔽位为 0,对应中断请求可进入排队判优电路;为 1,对应的中断请求被屏蔽,回答如下问题。

① 若不改变中断响应次序,各中断级的屏蔽字各是什么?

② 若把中断处理完成次序改为 1 级→4 级→3 级→2 级,则各中断级的屏蔽字各是什

么？此时,若 3 级、2 级中断同时申请中断服务,在 3 级中断处理完成后正在执行 2 级中断过程中,4 级中断又请求服务;当前面 3 个中断处理完毕,CPU 执行用户程序时,2 级和 1 级中断又先后请求中断服务,画出中断处理次序图。

③ 若 4 个级别的中断同时请求中断服务,画出中断处理次序改变(即②问的改变)前后的中断过程示意图。

解 根据题意,3 个问题的答案如下。

① 中断处理次序按优先级高低进行时,各级中断的屏蔽字如表 8.1 所示。

表 8.1　中断屏蔽字表

中断级别	中断屏蔽字			
	1 级	2 级	3 级	4 级
第 1 级中断	1	1	1	1
第 2 级中断	0	1	1	1
第 3 级中断	0	0	1	1
第 4 级中断	0	0	0	1

注:1 表示屏蔽。

② 中断处理完成次序改为 1 级→4 级→3 级→2 级后,各级中断屏蔽字如表 8.2 所示。

表 8.2　中断屏蔽字表

中断级别	中断屏蔽字			
	1 级	2 级	3 级	4 级
第 1 级中断	1	1	1	1
第 2 级中断	0	1	0	0
第 3 级中断	0	1	1	0
第 4 级中断	0	1	1	1

此时,按题要求的处理次序如图 8.8 所示。

③ 4 个级别的中断同时请求中断服务时,处理次序改变前后的中断处理过程如图 8.9 所示。

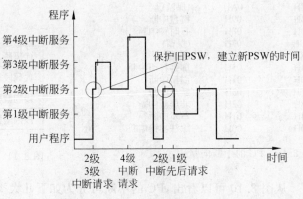

图 8.8　中断处理完成次序示意图

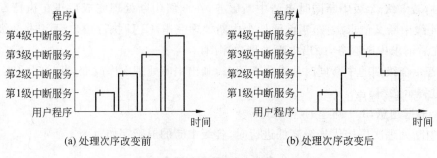

(a) 处理次序改变前　　　　　　　　(b) 处理次序改变后

图 8.9　中断处理次序改变前后的处理过程示意图

5．中断向量

（1）中断向量　简单地说，就是存放中断服务程序入口地址的两个字。

（2）中断向量表　由各中断服务程序入口地址所组成的内容，即各中断向量的集合叫中断向量表。

（3）PC 的中断向量表

① 大小　从 000H 至 3FFH，容量为 1KB，可存放 256 个中断服务程序入口地址，如图 8.10 所示。

② 中断向量的内容　PC 的每个中断向量是由 4 个字节组成的，如图 8.11 所示。

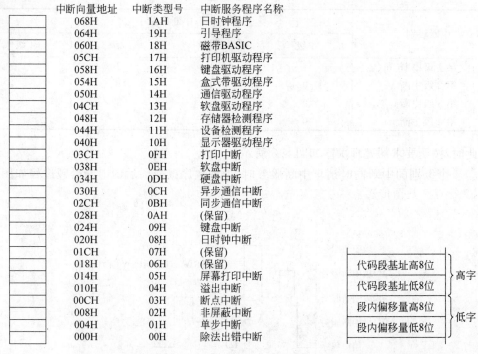

中断向量地址	中断类型号	中断服务程序名称
068H	1AH	日时钟程序
064H	19H	引导程序
060H	18H	磁带BASIC
05CH	17H	打印机驱动程序
058H	16H	键盘驱动程序
054H	15H	盒式带驱动程序
050H	14H	通信驱动程序
04CH	13H	软盘驱动程序
048H	12H	存储器检测程序
044H	11H	设备检测程序
040H	10H	显示器驱动程序
03CH	0FH	打印中断
038H	0EH	软盘中断
034H	0DH	硬盘中断
030H	0CH	异步通信中断
02CH	0BH	同步通信中断
028H	0AH	(保留)
024H	09H	键盘中断
020H	08H	日时钟中断
01CH	07H	(保留)
018H	06H	(保留)
014H	05H	屏幕打印中断
010H	04H	溢出中断
00CH	03H	断点中断
008H	02H	非屏蔽中断
004H	01H	单步中断
000H	00H	除法出错中断

图 8.10　PC 的中断向量表

代码段基址高8位	高字
代码段基址低8位	
段内偏移量高8位	低字
段内偏移量低8位	

图 8.11　中断向量的内容

③ 中断的类别　从图 8.10 可以看出，PC 的中断可分为如下几大类。

• 0～5H 号中断包括专用程序中断、非屏蔽中断、屏幕打印中断等。

• 8～FH 号中断是硬中断。

- 10～1AH 号中断是软中断。

④ 中断类型号 n 与中断向量地址的关系　可用如下公式表示,即:

$$中断向量地址 = n \times 4$$

例如,中断类型号 $n=1AH=00011010B$,那么,中断向量地址 $=4n=01101000B=68H$。

6. 中断服务程序的基本结构

这里以 PC 为例,其中断服务程序的基本结构如图 8.12 所示。

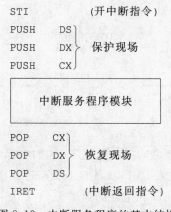

图 8.12　中断服务程序的基本结构

8.3　DMA 方式

直接存储器访问(direct memory access, DMA)是一种先进的主机与外设间的数据传送方式。

1. DMA 及其特点

DMA 是一种完全由硬件执行的在主存与外设之间直接传送数据的计算机工作方式。在这种工作方式中,DMA 控制器从 CPU 完全接管对总线的控制权,数据传送不经过 CPU,而直接在内存和外设之间进行。DMA 一般用于高速成组的数据传送,其特点及优缺点如下。

① 特点　数据传送直接在主存与外设之间成组传送。

② 优点　CPU 不参与传送操作,速度快。

③ 缺点　需用 DMA 控制器,硬件线路连接复杂。

2. DMA 的基本操作

DMA 的基本操作包括如下 4 项。

① DMA 请求　由外设发出。

② CPU 响应请求　工作方式变为 DMA 操作方式,DMA 控制器从 CPU 接管总线控制权。

③ 数据传送　由 DMA 控制器对主存寻址,进行数据传送。

④ DMA 操作结束　DMA 控制器向 CPU 报告。

3. DMA 使用主存的方式

DMA 有如下 3 种使用主存的方式。

1) CPU 停止访主方式

① 工作方式　在这种方式中,CPU 基本处于不工作状态,或者正好不占用存储总线。

其工作方式如图 8.13 所示。

② 优点　控制简单,适于传输率高的设备。

③ 缺点　DMA 控制器访问主存阶段,主存的效能未能充分发挥出来,因为相当一部分主存工作周期是空闲的。

2) 周期挪用方式

① 工作方式　在这种工作方式中,外设与主存每传送一个数据,DMA 就挪用一个CPU 周期,如图 8.14 所示。

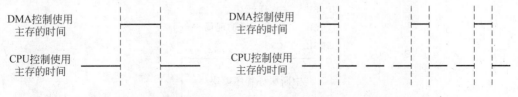

图 8.13　CPU 停止访问主存的方式　　　　图 8.14　周期挪用方式

注意:当 DMA 传送数据时,若与 CPU 发生访主冲突,则 DMA 访主优先。这就意味着,推迟 CPU 对指令的执行,即在 CPU 执行访主指令过程中插入 DMA。

② 优点　较好地发挥了 CPU 和主存的效率。

③ 缺点　每次周期挪用都要申请总线控制权、建立总线控制权和归还总线控制权,这些过程都要占用时间。

这种方式适用于外设存取时间周期大于主存存取时间的情况。

3) DMA 和 CPU 交替访主方式

① 工作方式　在这种方式中,把一个 CPU 周期分为两个周期,分别专供 DMA 和 CPU访主使用,如图 8.15 所示。

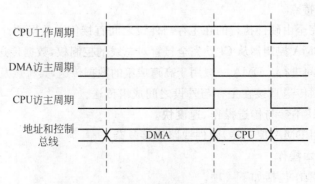

图 8.15　DMA 和 CPU 交替访主方式

② 优点　在这种方式中,不需要总线的申请、建立和释放等操作,这样,CPU 既不停止主程序运行,也不进入等待状态,效率很高。

③ 缺点　硬件逻辑复杂。

4. DMA 控制器

(1) 基本组成　如图 8.16 所示。

从该图可以看出,DMA 控制器主要是由中断机构、控制/状态逻辑电路、DMA 请求标志寄存器、主存地址计数器、字计数器、数据缓冲寄存器和设备选择器等部件组成。各部件

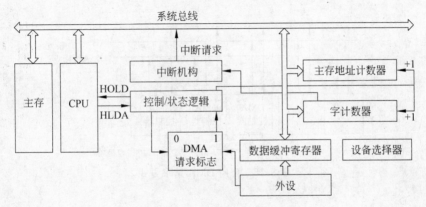

图 8.16　DMA 控制器的基本组成

的功能如下。

① DMA 请求标志寄存器　它是与外设连接的部件。当它接收到外设发出的准备好信号后,便通知控制/状态逻辑电路。

② 控制/状态逻辑电路　它接收到 DMA 请求标志后,便向 CPU 发出总线使用权请求信号 HOLD。如果该请求得到批准,CPU 便发回响应信号 HLDA。

③ 数据缓冲寄存器　用来存放要传送的数据。

④ 主存地址计数器　用来存放要访问的主存单元的地址。在 DMA 传送数据前,把将要访问的主存空间的首地址传送到此;之后,每传送一次数据,其内容便自动递增。

⑤ 字计数器　其内容由程序员预置,DMA 传送前,把要传送的字数以补码形式存入其中。之后,每传送一次数据,便自动+1。溢出(全 0)时,表示该组数据传送完毕。

⑥ 中断机构　负责向 CPU 发出申请,要求其对 DMA 进行预处理或事后处理。

⑦ 设备选择器　用来选择要传送数据的外设。

(2) 数据传送的流程图,如图 8.17 所示。

(3) DMA 控制器与系统的连接方式有如下两种。

① 公用请求方式　在这种方式中,若干个 DMA 控制器共用一条 DMA 请求线,如图 8.18 所示。

② 独立请求方式　在这种方式中,各 DMA 控制器都有自己的 DMA 请求和响应线路,如图 8.19 所示。

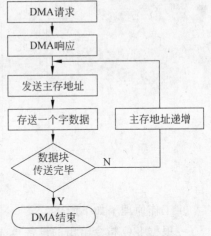

图 8.17　DMA 的工作流程图

5. DMA 控制器的类型

(1) 选择型 DMA 控制器

① 逻辑框图　如图 8.20 所示。

② 特点　物理上可连接多个设备,而在逻辑上只允许连接一个设备。即在一段时间内只能为一个设备服务。

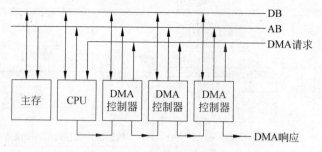

图 8.18　公用 DMA 请求方式

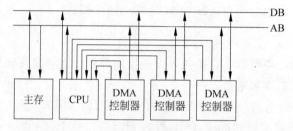

图 8.19　独立 DMA 请求方式

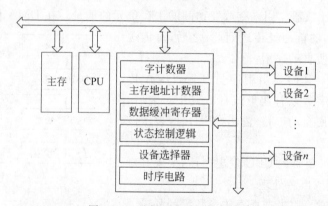

图 8.20　选择型 DMA 控制器

③ 工作原理　如下所述。

· 根据 I/O 指令给出的设备号选择一个设备。

· 用 I/O 指令给出数据块的传送个数、起始地址和操作命令。

· CPU 响应后,即进行数据传送。

④ 适用范围　适用于传输率高,以至接近主存存取速度的设备;不适用于慢速设备。

(2) 多路型 DMA 控制器

① 特点　不仅物理上可连接多个外设,而且逻辑上也允许这些外设同时工作。

② 分类　分为链式多路型和独立请求多路型两类,如图 8.21 所示。

③ 工作原理　这里以具有两个外设的系统为例,来说明多路型 DMA 的工作情况,如图 8.22 所示。

从该图可以看出,在 $90\mu s$ 中,DMA 为磁盘服务 4 次(T_1、T_3、T_5 和 T_6),为磁带服务

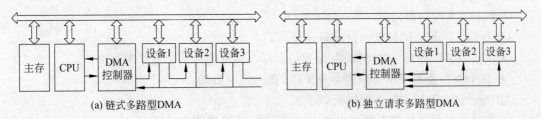

(a) 链式多路型DMA　　　　　　　　(b) 独立请求多路型DMA

图 8.21　多路型 DMA

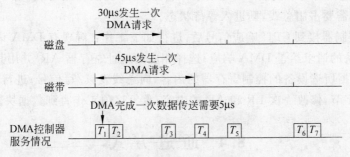

图 8.22　DMA 工作原理

3 次(T_2、T_4 和 T_7),共为设备服务 7 次。每次服务,即传送一次数据,需要 $5\mu s$。

④ DMA 控制器的逻辑结构　如图 8.23 所示。

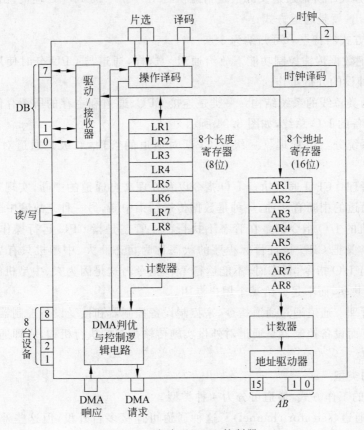

图 8.23　多路型 DMA 控制器

对该 DMA 控制器简单说明如下。

- 每组 LR 和 AR 对应一台设备。
- LR 和 AR 都有一个计数器,分别用来修改传送的数据个数和内存地址。
- 每个寄存器都可用 I/O 指令从 CPU 送入控制数据。

⑤ 外设请求 DMA 服务的过程如下:

- DMA 控制器接到设备发出的 DMA 请求,便把该请求送到 CPU。
- CPU 在适当的时候响应 DMA 请求。若 CPU 不需要占用总线,它将继续执行指令;若 CPU 需要占用总线,则进入等待状态。
- DMA 控制器接到 CPU 响应信号后,进行如下工作:对现有 DMA 请求中优先权最高的设备的请求给予 DMA 响应;选择相应的地址寄存器 AR,并用其内容驱动地址总线;根据所选设备的控制寄存器的内容,向总线发读/写信号;进行数据传送,每传送一个字节,修改一次 LR 和 AR 的内容;重复这项工作直到数据块传送完毕。

8.4 通 道 方 式

通道方式一般是大、中型计算机所采用的外设与主存间传送数据的方式。

1. 通道方式及其特点

(1) 通道方式 所谓通道实际上是指能执行 I/O 指令的 I/O 处理机;由其所控制实现的数据输入输出,就是通道方式。

(2) 通道方式的特点 可归纳为 3 点。

① CPU 把数据传输控制功能下放给通道 这样,通道与 CPU 分时使用主存,就可以实现 CPU 与外设的并行工作。

② 采用两类总线的系统结构 一类是连接 CPU、通道和主存的所谓存储总线,一类是连接通道与设备的 I/O 总线,如图 8.24 所示。

③ 整个系统分二级管理 一级是 CPU 对通道的管理,二级是通道对设备控制器的管理。

- 一级管理 CPU 通过执行 I/O 指令以及处理来自通道的中断,实现对通道的管理。来自通道的中断有两种,一种是数据传送结束中断,另一种是故障中断。

大、中型机的 I/O 指令都是在管态下执行的。管态是指 CPU 运行操作系统的管理程序的状态;通常又把 CPU 执行目标程序的状态称为目态。大、中型机只有当 CPU 处于管态时,才能运行 I/O 指令,目态时,不能运行 I/O 指令。这是因为大、中型机的软、硬件资源为多个用户所共享,而不是分给某个用户专用。

- 二级管理 通道通过通道指令,来控制设备控制器和接受设备控制器反映的外设的状态。而设备控制器是通道对外设实施传输控制的执行机构,亦即通道与外设之间的接口。

2. 通道的类型

根据通道的工作方式,通道可分为 4 种类型。

(1) 选择通道(selector channel) 这种通道可连接多台外设,但这些外设不能同时工作,在某一段时间内,只能选择一台设备进行工作。其特点和优缺点如下。

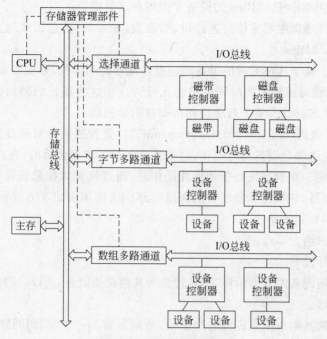

图 8.24　通道结构计算机

① 特点　可归纳为 4 点。

· 连接高速外设。

· 在一段时间内只允许执行一个设备的通道程序。通道程序是由通道指令所组成的。只有当这个设备的通道程序全部执行完毕后,才能执行其他设备的通道程序。

· 数据的传送单位是数据块(blocks of data),即通道为各设备传送的都是数据块,但不一定等长。

· 设计流量(最大流量)　通道流量也叫传送率,一般用单位时间内所传送的字节数表示,选择通道的设计流量为

$$f_{\max} = NB/(T_S + NT_B) \tag{8.1a}$$

式中,T_S 为通道选择设备的时间;T_B 为通道传送一个字节的时间;N 为通道传送的字节总数。

该通道的实际流量为

$$f_{\text{prac}} = \max_{i=1}^{n} f_i \tag{8.1b}$$

式中 f_i 为第 i 台设备的实际流量。

【例 8.2】　某选择通道的选择设备时间 $T_S = 9.8\mu\text{s}$,传送一个字节的时间 $T_B = 0.2\mu\text{s}$,如果有几台高速设备要传送的字节数都不少于 1KB,问传送率为多少的设备才能用在该通道上?

解　该通道传送 n 个字节所需的时间为 $T_S + nT_B$,传送率为

$$\frac{n}{T_S + nT_B} = \frac{1}{T_S/n + T_B} < \frac{1}{T_B} = \frac{1}{0.2\mu\text{s}} = 5\text{MBps}$$

显然,只有传送率小于 5MBps 的设备才能用在该通道上。

② 优点　选择通道主要连接高速外设,如磁盘、磁带等,信息以成组方式传送,传输率很高,最高可达 1.5MBps。

③ 缺点　由于接于选择通道的设备的辅助性操作时间很长,如磁盘机平均查找磁道的时间是 $20\sim30\mu s$,磁带机走带的时间可长达几分钟。在这些很长的辅助性操作时间里,选择通道处于等待状态,因此,整个通道的利用率并不是很高。

(2) 数组多路通道(block multiplexor channel)　这种通道是对选择通道的一种改进。它的工作方式是允许多台设备同时工作,但当某设备进行数据传输时,通道就只为该设备服务;当该设备传送完一个数据块处于辅助性操作时,通道就暂时挂起该设备的通道程序,而转去为其他设备服务,即执行其他设备的通道程序。这种用块交叉方式同时轮流为多台设备服务的通道就叫数组多路通道。

① 特点　可归纳为 4 点。

· 连接高速外设。

· 可充分利用设备的辅助操作时间,转去为其他设备服务,所以,这种通道很像多道程序的处理器。

· 数据传送的基本单位是定长的数据块,通道只有为一个设备传送完一个数据块后,才能为另一个设备服务,即轮流为多台设备传送数据块。

· 设计(最大)流量为

$$f_{\max} = x/(T_S + xT_B) \tag{8.2a}$$

式中,x 为数据块所含的字节数;T_S 为通道选择设备的时间;T_B 为通道传送一个字节的时间。

该通道的实际流量为

$$f_{\mathrm{prac}} = \max_{i=1}^{m} f_i \tag{8.2b}$$

式中,f_i 为第 i 台设备的实际流量。

② 优点　既保留了选择通道传输率高的优点,又能充分利用设备的辅助操作时间,大大提高了通道的效率。

③ 缺点　控制复杂。

(3) 字节多路通道(byte multiplexor channel)　这种通道可轮流交叉为多台外设传送字节,是一种多台设备共享的通道。其工作方式是,各设备轮流占用通道一个极短的时间片,各时间片内,通道依次轮流为各个设备传送一个字节的数据。

① 特点　可归纳为 4 点。

· 连接低速设备,如纸带输入机、卡片输入机、打印机等。

· 由于低速设备的数据传输率很低,而通道的数据传输率很高,故在一段时间内通道可交替为多台外设服务。

· 数据传送的基本单位是字节,即每个所连设备轮流一次只能传送一个字节。

· 设计(最大)流量为

$$f_{\max} = 1/(T_S + T_B) \tag{8.3a}$$

该通道的实际流量为

$$f_{\text{prac}} = \sum_{i=1}^{n} f_i \qquad (8.3b)$$

式中，f_i 为第 i 台设备的实际流量。

【例 8.3】 某字节多路通道，其选择一次设备的时间 $T_S = 9.9\mu s$，传送一个字节的时间 $T_B = 0.1\mu s$。回答如下问题。

（a）该通道能连接几台每 $250\mu s$ 传送一个字节的设备？

（b）该通道的设计流量是多少？

解

（a）根据题意，该通道每传送一个字节所需的时间为 $T_S + T_B = 9.9\mu s + 0.1\mu s = 10\mu s$，那么，在 $250\mu s$ 内，通道能服务的设备台数为

$$\frac{250\mu s}{10\mu s} = 25（台）$$

（b）该通道的设计流量为

$$\frac{1}{T_S + T_B} = \frac{1}{9.9 + 0.1} = \frac{10^6}{10} = 10^5（\text{Bps}）$$

该通道的设计流量为 10^5 Bps。

② 优点 可充分发挥通道效能，提高整个通道的数据传输能力。

③ 缺点 增加了传输控制的复杂性。

（4）通道适配器（channel adapter） 它是通道与某些设备控制器组合在一起所形成的专用通道。

① 特点 可归纳为 2 点。

• 连接系统常用的或必用的设备，如控制台等。

• 具有专用性。

② 优点 具有专用性，性能价格比较高。

③ 缺点 通用性差。

3. 通道的工作过程

这里，以选择通道为例，介绍通道的工作过程。

（1）选择通道的组成 其组成的逻辑框图如图 8.25 所示。

通道中各部件的功能如下。

• 通道程序地址字寄存器 用来存放通道程序首地址。

• 通道指令字寄存器 用来存放从通道程序中取出的通道指令。

• 通道控制器 由时钟、译码和时序电路组成，用来分析 CPU 给出的 I/O 指令，以及向 CPU 发出中断请求和条件码；一般采用微程序技术实现。

• 设备地址寄存器 用来存放设备地址码。

• 比较电路 用来比较启动输入输出（SIO）指令所给的设备地址与设备所发回的地址。

• 数据缓冲寄存器 A 用来与设备进行字节数据传送。注意，通道与设备之间一般是以字节为单位进行数据传送。

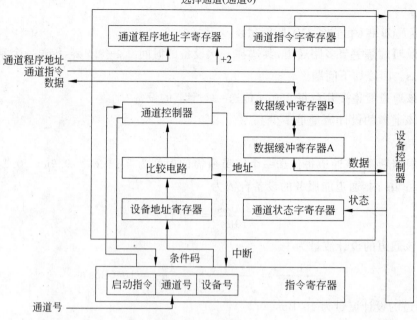

图 8.25　选择通道逻辑框图

- **数据缓冲寄存器 B**　用来与主存进行字数据传送。注意,通道与内存之间一般是以字为单位进行数据传送。
- **通道状态字寄存器**　用来存放通道和设备的状态信息。

(2) 通道的工作过程　通道的工作过程大致分为如下 6 步。

① **数据传送前的准备**　该工作由管理程序完成,主要做如下两件事。

- 准备通道程序。
- 分配数据缓冲区。

② **执行 SIO 指令**　执行一条 SIO(启动输入输出)指令,选择工作通道和设备。设备的选择过程如下。

- 通道通过设备地址寄存器发出设备地址。
- 之后,通道再发出链式扫描信号,查询是否有设备响应。
- 被选设备给通道以应答信号。各设备都有自己的地址译码器。被选中的设备,除了给出应答信号外,还同时给出其地址。
- 通道接到设备发来的地址码后,就与要启动的设备的地址码进行比较。如果不符,启动失败。相符,则通道与设备就接通了。

③ **取通道程序地址**　通道控制器接到 SIO 指令后,便到固定地址去取通道程序地址,放在通道程序地址字寄存器中。

④ **取通道指令**　根据通道程序地址字寄存器所给出的地址,取出第一条通道指令,放在通道指令字寄存器中。

⑤ **数据传送**　执行第一条通道指令,即开始数据传送。每条通道指令执行后,通道程序地址字寄存器的内容便自动加 2。如果通道指令字寄存器中的命令链标志或数据链标志

为 1,说明通道程序没有结果,通道便根据通道程序地址字寄存器的内容去取下一条通道指令执行。

⑥ 通道程序的结束　如果正在执行的通道指令中的命令链标志和数据链标志均为 0,则说明该通道指令为最后一条通道指令。该通道指令执行完毕后还有三项如下工作。

- 通道通知设备结束工作。
- 设备操作停止后,就用状态信息给通道以回答,表示设备结束工作,并断开与通道的连接。
- 之后,通道向 CPU 发出中断信号,表示通道程序正常结束。

习　题

8.1　从供选择的答案中,选出正确答案,并将其序号填到答案的对应栏内。

① CPU 响应中断后,在执行中断服务程序之前,至少要做 $\boxed{A}$ 这几件事。

② 中断服务程序的最后一条是 $\boxed{B}$ 指令。

③ 要实现磁盘和内存之间快速交换数据,必须采用 $\boxed{C}$ 方式。

④ 在以 $\boxed{C}$ 方式进行数据传送的过程中,不需要 $\boxed{D}$ 介入,而是外设和内存之间直接传送。

⑤ 打印机与 CPU 之间的数据传送,不能使用 $\boxed{C}$ 方式,而是使用 $\boxed{E}$ 方式。

供选择的答案:

A、B:　① 关中断,保存断点,找到中断入口地址　② 关中断,保存断点
　　　　③ 返回　④ 中断返回　⑤ 左移　⑥ 右移　⑦ 移位

C、D、E:　① 中断　② 查询　③ DMA　④ 中断或查询
　　　　⑤ 中断或 DMA　⑥ CPU　⑦ 寄存器

答案填写处:

A	B	C	D	E

8.2　原三级中断 I_0、I_1、I_2 的响应次序为 $I_0 \rightarrow I_1 \rightarrow I_2$,回答下列问题。

① 如果将中断处理的次序改为 $I_1 \rightarrow I_2 \rightarrow I_0$,那么,三级中断的屏蔽字各是多少?

② 如果三级中断同时发出中断服务请求,画出中断处理次序图。

8.3　某通道 I/O 系统含有一个由两个子系统组成的字节多路通道、两个数组多路通道和一个选择通道。各通道所连接设备的传送率如表 8.3 所示。求该通道 I/O 系统的如下数据。

① 各通道具有多大流量才不丢失信息?

② 总流量是多大?

表 8.3 各通道所连设备传送率

通 道 号		所连设备传送率							
字节多	子通道 1	55	50	45	40	35	30	25	20
路通道	子通道 2	65	60	55	50	45	40	35	30
数组多	通道 1	500	450	400	350				
路通道	通道 2	500	400	300	250				
选择通道		500	450	400	350				

8.4 有三台 I/O 设备 A、B、C 接到总线上,都用中断方式与主机进行数据传送,设备 A 与设备 B 不允许中断嵌套,设备 C 的中断请求可以在设备 A 和 B 服务时被接受,请给出下列情况下的判优电路。

(1) 共用一根中断请求线;

(2) 有两根中断请求线 I_1 和 I_2,且 I_1 优先权高于 I_2。

第9章 主存与辅存

计算机运行时,要把操作系统以及所需要的应用软件和数据调入到主存,这样,计算机才能完成人们所要实现的功能。现代计算机系统需要存储和处理的数据量越来越大,所用到软件数量和大小也在不断增加。因此,除了提高主存容量,计算机系统必须要配有大容量的辅存,用来存放大量的备用软件和数据。本章介绍主存的多体组织和磁盘、冗余磁盘阵列等辅存。

9.1 主存的多体组织

本节介绍提高主存性能的主存的多体组织和多体交叉编址技术。

1. 提高主存性能的对策

存储器的主要技术指标是速度、容量和可靠性,那么如何提高主存的这些指标呢?

(1) 提高 CPU 与主存之间传输速度的对策。

① 采用存取时间短的存储器芯片来组成主存 这里,要注意 3 个问题。

一是要清楚静态随机存储器(SRAM)的存取时间比动态随机存储器(DRAM)的存取时间短,即 SRAM 的存取速度比 DRAM 的要快。

二是要清楚双极型存储器的存取时间要比金属氧化物半导体(MOS)型存储器的存取时间短,即前者的存取速度要比后者的快。MOS 型存储器的存取时间几乎是双极型存储器存取时间的 10 倍,现在,MOS 型存储器的存取时间已达到几十纳秒(ns)。而双极型存储器的存取时间已达到几纳秒(ns)。

三是要注意随着微电子技术的飞速发展,会不断地有存储容量更大且存取时间更短的存储器芯片出现。

② 多个存储器芯片并联使用 扩大字长,以提高主存频宽 B_m。假定一个存储器芯片的字长为 w,那么 n 个这样的芯片并联,字长 $W = n \cdot w$,B_m 就提高到 n 倍。这样就提高了单位时间内存取的位数。

③ 多体存储器交叉编址 使得在一个存取周期内,可同时进行多个字的读或写。

④ 在 CPU 和主存之间插入高速缓冲存储器(cache) 把使用频率高的数据存入 cache,从而提高数据的传输率。

(2) 提高主存容量的对策 主存容量受 CPU 地址线位数所限,其物理空间是一定的。为了使有限的主存空间能运行超容量的程序,目前普遍采用虚拟存储器。

(3) 提高主存可靠性的对策 由于集成电路存储器芯片的可靠性是很高的,不像分立元件时代那样,那时存储器的可靠性并不是很高。所以,在现代计算机中,所谓存储器可靠性的含义,应该说,除了指器件出故障的几率大小外,还应该包括存储器防止破坏和非法使用的性能如何。这就是所谓的存储器保护问题。

2. 主存的多体组织

主存的多体组织是提高 CPU 与主存之间传输效率的有效方法,其常用的组织方式有如下两种。

(1) 多体并行方式　如图 9.1 所示。

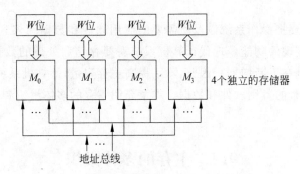

图 9.1　四体并行主存结构

① 特点　多体并行主存的特点是:
- 由 n 个独立的存储器并行组成,数据并行输入输出,故称之为多体并行。
- 每个存储器都有独立的读写控制电路、地址寄存器、译码器、数据寄存器等电路,所以叫多体。

② 优点　不但提高了主存的频宽,而且不用增加辅助硬件,只需选用现成的存储芯片即可。

③ 缺点　数据传输速度受存储器存取时间限制,而存储容量受地址总线位数限制。

(2) 多体交叉编址方式　所谓多体交叉编址是指多个存储体的地址编码是交叉的。现以 4 个存储体为例,说明交叉编址的方法及其工作原理。

① 编址方法　四体交叉编址如表 9.1 所示。

表 9.1　四体交叉编址方法

存 储 体	地 址 码	二进制地址码的末 2 位
M_0	$0,4,8,\cdots,4i+0,\cdots$	00
M_1	$1,5,9,\cdots,4i+1,\cdots$	01
M_2	$2,6,10,\cdots,4i+2,\cdots$	10
M_3	$3,7,11,\cdots,4i+3,\cdots$	11

② 工作原理　多体交叉编址的各个存储体采用分时工作。以四体为例,每隔 $\frac{1}{4}T_M$(存储周期)便启动一个存储体工作,如图 9.2 所示。这样,就每个存储体来说,其存储周期没有变化;而就整个存储器来说,在一个 T_M 内却访问了 4 个存储单元,提高了实际存取速度。

③ 组成　四体交叉编址存储器的组成如图 9.3 所示。

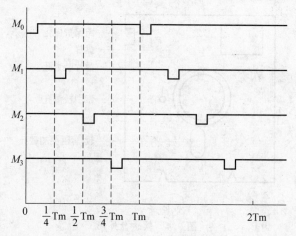

图 9.2　四体分时工作时序图

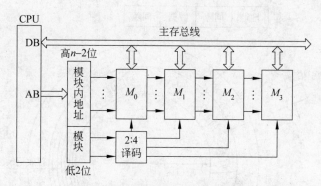

图 9.3　四体交叉编址的主存结构

9.2　磁盘存储技术

磁盘存储器容量大,存取速度比磁带快得多,是现代计算机常用的辅助存储器。本节介绍其存储技术。

1. 磁盘的分类

磁盘分为软磁盘和硬磁盘两种。

(1) 软磁盘　采用塑料(聚酯薄膜)做基体,两面均匀涂上磁粉,由于基体柔软,故称软磁盘,简称软盘,如图 9.4 所示。

(2) 硬磁盘　采用金属(镁铝合金)做基片,两面涂上磁粉做成。由于基片坚硬,故称硬磁盘;又由于硬磁盘是由多个盘片组成,所以也叫做磁盘组。

2. 磁盘的物理结构

(1) 磁道、柱面和扇区　每个盘面上密布着若干与盘心同心的闭合圆环,称为磁道。最靠近盘心的称为末道,最远离盘心的称为零道。由若干盘片组成的同轴盘组中,距其轴心相同位置的一组磁道构成一个圆柱,称为柱面。柱面同样可编号,从外到内顺序为零柱面至末柱面。每个磁道或柱面按等弧度分为若干段,称做扇区,作为磁头读写的最小单位。磁道分布及扇区(区段)划分如图 9.5 所示。

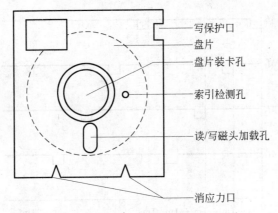

写保护口
盘片
盘片装卡孔
索引检测孔
读/写磁头加载孔
消应力口

图 9.4　软磁盘外形

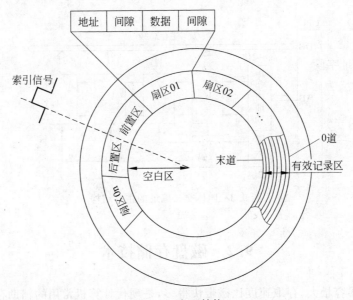

图 9.5　盘面结构

（2）扇区的划分　有硬分段与软分段之分。

硬分段是在盘片上打上若干个等弧度距离的孔，每个区段对应一个孔，用以产生扇区脉冲信号。

软分段只在盘片上打一个索引孔，产生的索引脉冲作为磁道或柱面的起始点，用户可通过某种格式化程序选择各个扇区的长度，并标明磁道、扇区的地址，如图 9.5 所示。

（3）磁盘的读写地址　软磁盘有两个记录面，其信息存储地址用盘面、磁道、扇区来表示。硬磁盘的每个记录面对应着一个磁头，因此，寻找某一磁盘记录时，还需要指明磁头号。这样，硬磁盘读写地址就由磁道号（柱面号）、磁头号（盘面号）、扇区号构成，不同磁盘有不同数目的磁道、磁头及扇区，如 5.25 英寸高密度软盘，磁道从 0 号道排到 79 号道，磁头有 0 面头和 1 面头，每道有 15 个扇区；40MB 磁盘，柱面从 0 号到 820 号，磁头从 0 号排到 5 号，每道有 17 个扇区。

3. 磁盘的记录格式

其记录格式由前置区、扇区、后置区 3 部分组成。前置区由间隙 GAP1 构成,起缓冲及保证选头切换的作用。后置区由最后间隙 GAP4 构成,用于抵消主轴转速出现的偏差。每一个扇区由地址场和数据场组成,如图 9.6 所示。

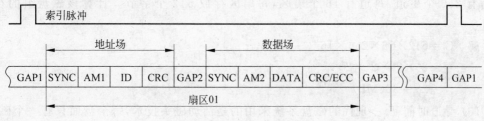

图 9.6　扇区记录格式

各字段的含义如下。

(1) SYNC　同步信号。12 个字节的全 0,只有时钟位,无数据位。

(2) AM1　地址标志。由 4 个字节组成,前 3 个值为 A1H,后一个为 FEH。

(3) ID　地址字段。由 4 个字节组成,提供了磁盘地址和每扇区字节数。软盘从第一～第四字节分别定义为磁道号、盘面号、扇区号、扇区字节数。硬盘的相应定义为:第一、二字节表示柱面号,第三字节表示磁头号和扇区大小,第 4 字节为扇区号。

(4) CRC　循环冗余校验码,占 2 个字节。

(5) ECC　纠错码,硬盘采用,占 4 个字节。

(6) AM2　数据标志和删除数据标志。由 4 个字节组成,前 3 个的值为 A1H,第 4 个若为 FBH 表示其后扇区的数据有效;若为 F8H,表示该扇区数据已被删除。

(7) DATA　数据区。真正记录信息的地方。

(8) GAP2　地址字段与数据字段的间隙。软盘由 22 个全 0 字节组成;硬盘由 15 个全 0 字节组成。

(9) GAP3　扇区之间的间隙。长度是可编程的,范围为(3～255)个字节。

(10) GAP1　前置区间隙,是 32 个字节的 4EH 信号。

(11) GAP4　后置区间隙。200～300 个字节的 4EH(软盘)或 450 个字节左右的 4EH(硬盘)。

磁盘记录格式由格式化程序来确定。

4. 磁表面存储器主要技术指标

(1) 记录密度　指单位长度或单位面积可记录的二进制信息量,用道密度与位密度来表示。道密度主要用于磁盘,是沿盘半径方向,单位长度内磁化轨道数量,单位是 TPI(track per inch);位密度指沿磁化轨道方向,单位长度内所记录的二进制位数,单位为 bpi(bits per inch)。各条磁道的半径不同,但它们存储的数据量相同,故它们的位密度是不同的。

(2) 存储容量　指整个磁表面存储器所能存储字节的总量。存储容量分非格式化容量(磁盘整个存储容量)和格式化容量(用户实际可用存储容量)。人们常说的磁盘容量指的是格式化容量。一般来说,格式化容量占非格式化容量的 80% 左右。

非格式化容量用记录密度,也就是使用道密度和位密度来计算。

格式化容量根据扇区数目来计算。对于磁盘来说，所有磁道(即不论是外圈的，还是内圈的)的存储容量是相等的，因此，整个磁盘组的存储容量 C 可用如下公式计算：

$C =$ 每扇区的字节数 × 每道的扇区数 × 每面的磁道数 × 存储信息的盘面数

【例 9.1】 某磁盘组有 9 片盘片，16 个盘面记录数据(最上盘面与最下盘面不用)，每面有 256 个磁道，每道有 16 个扇区，每扇区存放 512 个字节。计算该磁盘组的存储容量。

解 $C = 512 \times 16 \times 256 \times 16$

$= 2^9 \times 2^4 \times 2^8 \times 2^4$

$= 2^{25} = 32 \text{(MB)}$

(3) **寻道时间 T_{st}** 现代的磁盘系统采用的是活动磁头技术，每个盘面只有一个磁头，读写时，所有盘面的磁头必须同时移到同一柱面的磁道上。使用这种技术，必须要解决寻道时间较长的问题，以实现磁头的快速驱动与精密定位。目前，先进的磁盘驱动器采用音圈电动机驱动磁头、伺服磁盘定位，具有速度与位置反馈的闭环自动调节的控制系统。因音圈电动机可直接驱动磁头做直线运动，再加上闭环控制技术，致使该系统具有驱动速度快、定位精度高的特点，技术臻于成熟，大大提高了磁头的寻道时间。采用活动磁头的磁盘组，其磁盘文件是按柱面存储的。

寻道时间也叫查找时间，是指磁头查找到指定磁道所需要的时间。寻道时间由磁盘存储器的性能决定，是个常数，由厂家给定。

(4) **寻区时间 T_{wa}** 是指从磁头找到磁道后磁盘处于等待状态开始算起，直到要找的扇区旋转到磁头正下方为止所需的时间。该时间也叫旋转等待时间，常称为平均旋转等待时间，简称平均等待时间，其值由磁盘转速决定，按磁盘旋转半周的时间计算。

【例 9.2】 磁盘转速为每分钟 2400 转，计算该磁盘的平均等待时间。

解 以磁盘旋转半周的时间作为平均等待时间，故有：

$$T_{wa} = \frac{1}{2} \times 10^3 \times 60/2400 = 12.5 \text{(ms)}$$

(5) **寻址时间 T_{sa}** 对于磁盘来说，是指寻道时间与寻区时间之和，这叫磁盘存取时间。磁盘存取时间除了寻道时间、寻区时间外，还应包括数据的读写时间，但后者由电信号操作，与前两者相比时间是非常短的，故不用考虑。因此，磁盘的存取时间可完全由寻址时间替代。

【例 9.3】 假定厂家给定的寻道时间为 10ms，磁盘转速为每分钟 3000 转，计算寻址时间。

解 寻址时间＝寻道时间＋寻区时间

$$= 10 + \frac{1}{2} \times 10^3 \times 60/3000$$

$$= 10 + 10 = 20 \text{(ms)}$$

对于磁带来说，寻址时间就是磁带的空转时间，其值取磁头等待的平均时间。

(6) **数据传送率** 是指磁头找到要访问的扇区的地址后，每秒钟所读写的字节数。其值等于一个磁道上的字节数除以磁盘旋转一周所需要的时间。

【例 9.4】 某磁盘存储器，每个磁道有 16 个扇区，每个扇区有 512 个字节，每分钟转3000 转，计算其数据传送率。

解 传送率 $= \dfrac{\text{每个磁道上的字节数}}{\text{转一周的时间(s)}}$

$$= \frac{512 \times 16}{60/3000} \approx 400 (\text{KBps})$$

9.3　冗余磁盘阵列

1988 年，美国加州伯克利分校的 D. A. Patterson 教授，为提高计算机系统中存储器的性能及其可靠性和数据的可用性，提出了一个基于多个驱动器的多磁盘存储系统，称为冗余磁盘阵列(redundant array of inexpensive disk，RAID)，并提出了 6 种不同配置的结构，分别叫 RAID0 ~ RAID5。本节重点介绍这 6 个级别的磁盘阵列。

1. RAID0

(1) 存取技术　该级 RAID 实际上是多磁盘体交叉存储。它是把每个磁盘的有效存储区都划分成叫做条区(strip)的存储单元，条区可以是一个物理块、扇区或其他存储单元。要存放的文件也按条区的大小分割成小块，然后，一块一块地按顺序轮流存储到磁盘阵列的 n 个磁盘的条区中，如图 9.7 所示。可以称 0 级 RAID 的存取技术为条区交叉存取技术。

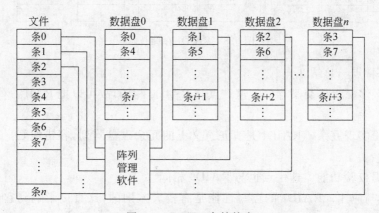

图 9.7　RAID0 存储技术

(2) 技术特点　总结 3 点。

① 磁盘阵列的所有磁盘可以并行工作　当条区大小选得较为合适时，磁盘阵列中的各个磁盘将顺序轮番启动进行数据读写，做到 n 个磁盘同时都在工作。最好的情况是，整个文件的传输时间，只是单个磁盘系统所需时间的 $1/n$，大大提高了 I/O 性能。

② 没有使用冗余技术，无容错能力　从这一点看，RAID0 算不上是冗余磁盘阵列。

③ 无数据校验功能　故其数据安全性差，适用于存储不太重要的数据。

(3) 性能与应用　条区的大小直接影响着 RAID0 的性能，并关系到它的应用。下面从两个方面分析。

① 数据传输率　我们知道，要想提高磁盘阵列的数据传输率，就必须使其 n 个磁盘同

时工作。要做到这一点,条区就要足够小,使每个 I/O 请求所要传送的数据都分布在所有磁盘,实现所有磁盘并行运行。可见,选择合适的条区,RAID0 可以应用于高速数据传输的场合。

② I/O 请求响应率　在某些场合,如面向事务处理的项目,有时会有几十个,甚至上百个 I/O 请求,这时,用户更关心 I/O 请求的响应时间。为此,就要把条区选得相对大一些,使单个 I/O 请求所要传送的数据都在一个磁盘上,这样就能减少每个请求的排队时间,能并行处理多个等待的 I/O 请求。

从以上分析可知,要提高数据传输率,就要使用较小条区的 RAID0;若想提高 I/O 请求响应速度,就使用较大条区的 RAID0。

2. RAID1

(1) 存取技术　该级 RAID 采用的是用备份实现冗余的技术,也就是数据的每个逻辑条区都要映射到两个不同的物理磁盘中。这样,磁盘阵列中每个磁盘都会有一个镜像盘,如图 9.8 所示。可以把 RAID1 的存取技术叫做镜像(mirroring/shadowing)存取技术。

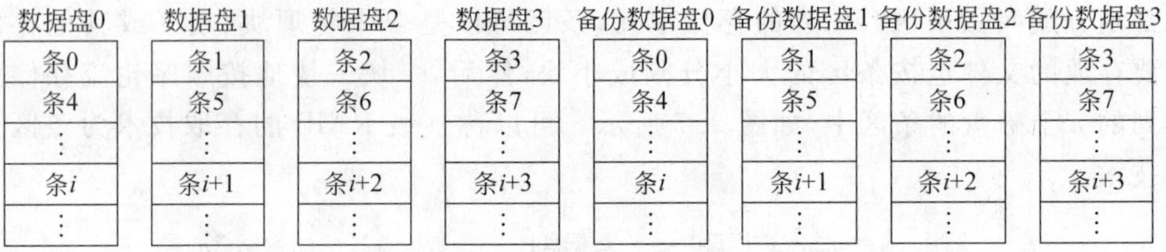

数据盘0	数据盘1	数据盘2	数据盘3	备份数据盘0	备份数据盘1	备份数据盘2	备份数据盘3
条0	条1	条2	条3	条0	条1	条2	条3
条4	条5	条6	条7	条4	条5	条6	条7
⋮	⋮	⋮	⋮	⋮	⋮	⋮	⋮
条i	条$i+1$	条$i+2$	条$i+3$	条i	条$i+1$	条$i+2$	条$i+3$
⋮	⋮	⋮	⋮	⋮	⋮	⋮	⋮

图 9.8　RAID1 存储技术

(2) 技术特点　总结 3 点。

① 按条区多磁盘体交叉存储　这一点与 RAID0 相同,故可以把 RAID1 看做是 RAID0 的改进型。

② 用备份实现冗余　RAID1 是真正意义上的冗余磁盘阵列,容错性好,损坏的盘恢复容易;但其造价高。

③ 无数据校验功能　这一点也与 RAID0 相同。

(3) 性能与应用　RAID1 的读写性能是有较大差别的,这直接影响到它的应用,分析如下。

① 读性能　在 RAID1 中,每个条区数据都有两个磁盘存储,因而,每读取一个条区数据都要涉及两个磁盘。这样,条区数据的读取时间按执行较快的那个磁盘,也就是寻址时间较短的那个磁盘的读时间。

② 写性能　因为每个条区数据都要同时存储到两个磁盘中,故写时间要以寻址时间较长的那个磁盘的写时间为准。

从以上分析可以看出,RAID1 的读性能要比它的写性能好得多,因此,RAID1 用在读请求所占比重较高的场合最能发挥它的性能。可以使用 RAID1 存储系统软件或重要数据。

3. RAID2

(1) 存取技术　该级 RAID 采用磁盘体的位交叉存储技术,如图 9.9 所示。为提高性能,所有成员磁盘必须同时进行相应位的读写,即并行操作。为此,在该级 RAID 中,所有驱动器的轴是同步旋转的,每个磁盘上的磁头任何时刻都处在同一位置。由于该级 RAID 可以实现空间上的并行处理,可以称它为并行处理级。

图 9.9   RAID2 存储技术

(2) 技术特点   总结 3 点。

① 条区为最小的磁盘阵列   因为该级是按位交叉存储,所以每个 I/O 请求一般都会涉及多个磁盘,这样,就使 I/O 请求的响应速度较差,而对提高数据的传输率却非常有利。

② 采用空间并行实现并行处理   正因为如此,该级的数据传输率非常高。

③ 采用海明码进行数据校验   海明码是一种多检验位的编码,而 RAID2 又是按位交叉存储的 RAID,所以就得有足够的磁盘用来存放检验位,有几位检验位,就得需要几个磁盘。例如,4 位数据的海明码,需要有 3 位检验位,这就得有 3 个存放检验位的盘。这就是说,在 RAID2 中,冗余盘是用来存放检验位的。这样看来,RAID2 的造价很高,其好处是,能纠正一位出错,检测出两位出错。

(3) 应用场合   从以上技术特点分析,可以得出 RAID2 的适用情况,如表 9.2 所示。

表 9.2   RAID2 的应用分析表

技 术	适 用 场 合	不适用场合
位交叉	要求传输率高的数据	多 I/O 请求的数据
并行处理	大数据量数据	小数据量数据
海明检验码	多磁盘出错	磁盘可靠性好
检验位冗余	投资力度大的项目	小项目

从该表可以看出,只有数据量很大,要求纠错和检错能力较强、有一定的投资力度的项目才可以考虑使用 RAID2;否则,没有必要使它。

4. RAID3

(1) 存取技术   该级 RAID 与 RAID2 一样,也是采用按位交叉存储和驱动器轴同步旋转技术,故该级也可以称做是并行处理级。它与 RAID2 不同的是,采用奇偶检验。这样,不管数据盘有多少个,存放检验位的盘只有一个,如图 9.10 所示。

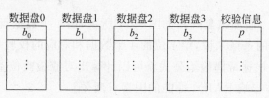

图 9.10   RAID3 存储技术

（2）技术特点　总结 3 点。

① 采用按位交叉存储技术。

② 采用空间上的并行处理技术。以上两点与 RAID2 的完全相同。

③ 采用奇偶检验　利用奇偶校验盘的数据来恢复损坏盘的数据很容易。以图 9.10 所示的磁盘阵列为例来说明。$X_0(j) \sim X_3(j)$ 分别代表第 j 条区 4 个数据盘的数据，$X_p(j)$ 表示相应的奇偶校验位。假设 X_2 盘损坏，要恢复 $X_2(j)$，根据奇偶检验公式，就可以得到 $X_2(j)$ 的值。用这种方法，可以恢复阵列中任何数据。

（3）性能与应用。

① 性能分析　由于 RAID3 与 RAID2 一样，把数据分割为最小的条区，每个 I/O 请求都要涉及多个磁盘的运行。这样，一次就只能执行一个 I/O 请求，也就是 I/O 请求不能并行响应。因此，RAID3 的性能也与 RAID2 一样，具有很高的数据传输性能和很差的 I/O 请求响应性能。

② 应用场合　根据性能分析可知，RAID3 应用于大数据量传输的场合，能充分发挥其高数据传输率的性能，而不适合应用到 I/O 请求较多的面向事务处理的项目中。

5. RAID4

（1）存取技术　该级 RAID 采用较大条区的交叉存储技术。它除了数据盘外，还有一个专门用来存放奇偶校验位条区的冗余盘。奇偶校验位是根据相应一组条区的相应位计算出来，数据条区有多大，校验条区也就多大，如图 9.11 所示。

数据盘0	数据盘1	数据盘2	数据盘3	校验位盘
块0	块1	块2	块3	$p(0\sim3)$
块4	块5	块6	块7	$p(4\sim7)$
块8	块9	块10	块11	$p(8\sim11)$
⋮	⋮	⋮	⋮	⋮

图 9.11　RAID4 存储技术

由于该级的条区中数据量较大，所以前面的盘开始读写后，其后面的那张盘也未必马上工作；甚至有可能一次 I/O 请求所需的数据就在一个条区中，这时，后面一张盘根本就不用启动。正因为如此，该级各成员盘独立操作，因此可以称该级 RAID 为独立存取技术。

（2）技术特点　总结 3 点。

① 采用大条区交叉存储技术　条区大小一般为一个扇区。

② 各成员采用独立存取技术　这一特点可以说是根据特点①而采取的相应技术。这两个特点使得 RAID4 有利于提高 I/O 请求的响应速度，而不适合传输率要求高的场合。

③ 采用奇偶校验　假如磁盘阵列如图 9.11 所示，由 4 个数据盘和一个校验位盘组成。那么，对于每一组相应的条区来说，第 j 位的 4 个数据和对应的校验位分别是 $x_0(j)$、$x_1(j)$、$x_2(j)$、$x_3(j)$ 和 $x_p(j)$，根据奇偶检验公式就可以计算出对应检验位条区的每一位的值。

（3）性能与应用　影响 RAID4 性能的因素有两个。

① 写损失　是指因为写盘而造成的磁盘阵列的性能损失。在 RAID4 中，当小数据量 I/O 写请求执行时会造成写损失。对于一组条区来说，其第 j 位所对应的校验位与数据位

的关系,若采用偶检验,则如下式子成立。

$$x_p(j) = x_0(j) \oplus x_1(j) \oplus x_2(j) \oplus x_3(j) \tag{9.1}$$

假定一个写操作,只在 x_2 盘上的一个条区上执行,这时,要修改的只是 x_2 上的这个条区和 x_p 上的对应条区,对于第 j 位来说,便有:

$$x_p'(j) = x_0(j) \oplus x_1(j) \oplus x_2'(j) \oplus x_3(j) \tag{9.2}$$

式中,$x_p'(j)$ 和 $x_2'(j)$ 代表修改后的数据。上式的右边异或上 $x_2(j) \oplus x_2(j)$ 仍能成立。于是有:

$$
\begin{aligned}
x_p'(j) &= x_0(j) \oplus x_1(j) \oplus x_2'(j) \oplus x_3(j) \oplus x_2(j) + x_2(j) \\
&= x_p(j) \oplus x_2'(j) \oplus x_2(j)
\end{aligned}
\tag{9.3}
$$

从式(9.3)可以看出,为了计算新的奇偶校验位 $x_p'(j)$,并把 $x_p'(j)$ 和要修改的数据 $x_2'(j)$ 写到校验位盘和数据盘 x_2,需要两次读(一次是读 $x_p(j)$,另一次是读 $x_2(j)$)和两次写(一次是写 $x_p'(j)$,另一次是写 $x_2'(j)$)。这只是修改一位数所带来的损失,若把整个数据修改完,损失显然很大。

当大数据量 I/O 写涉及所有数据磁盘的条区时,$x_p'(j)$ 的计算只用新的数据位即可,无须进行另外的读/写操作。

② I/O 瓶颈　因为每一次的写操作都会涉及到校验位盘,所以,该盘就成为 RAID4 的 I/O 瓶颈。

从以上分析可以看出,RAID4 适合于大数据量 I/O 请求的场合,特别适合进行读操作的 I/O 请求。

6. RAID5

(1) 存取技术　RAID5 与 RAID4 一样,也是采用大条区交叉存储和各磁盘独立存取技术。只是为了克服校验位盘的 I/O 瓶颈问题,采取了校验位条区分布存放在各个磁盘,一般是采用循环分布的方法,如图 9.12 所示。

盘0	盘1	盘2	盘3	盘4
$p(0\sim3)$	块0	块1	块2	块3
块4	$p(4\sim7)$	块5	块6	块7
块8	块9	$p(8\sim11)$	块10	块11
块12	块13	块14	$p(12\sim15)$	块15
块16	块17	块18	块19	$p(16\sim19)$
$p(20\sim23)$	块20	块21	块22	块23
⋮	⋮	⋮	⋮	⋮

图 9.12　RAID5 的存储技术

(2) 技术特点　总结 3 点。

① 采用大条区交叉存储技术　条区大小一般为一个扇区。

② 采用各磁盘独立存取技术　采用以上两项技术,有利于提高 I/O 请求响应速度。

③ 没有专用存放奇偶校验位的磁盘　它把检验位条区按一定的规律循环分布在各个数据盘中。对于 n 个成员磁盘阵列来说,检验位条区的分布算法是把第 i 组数据条区的检验位条区,存放在第 $(i \bmod n)$ 盘的第 i 个条区。

（3）性能与应用　可以把 RAID5 看做是 RAID4 的改进型。比起 RAID4 来，性能得到很好的改善，对大、小数据量的读写都有很好的性能；而且不用单独存放校验条区的磁盘，性价比好，因此在事务处理的项目中得到广泛的应用。

7. 其他级别的 RAID

（1）RAID6　采用按块交叉存储和双磁盘容错技术，即该级 RAID 有两个用于存放校验代码的磁盘。这样，即使有两个磁盘出错，也能保持数据的完整性和有效性。不足之处是，写入数据时，要对 3 个磁盘（一个数据盘和两个校验盘）访问两次。

（2）RAID7　这是采用独立接口技术的磁盘阵列，即磁盘阵列中，每一个磁盘驱动器与主机的每一个接口都有可以控制的数据通道，这样，主机就可以访问每一个磁盘。

（3）RAID10　由 RAID0 和 RAID1 混合组成，性能好，造价高。

习　题

9.1　某硬盘有 6 片磁盘片，每片有两个记录面，磁道密度为 200TPI，位密度为 34 816bpi，末道周长 5 英寸，有效存储区宽 3 英寸，转速为 3600rpm，每个盘片分成 17 个扇区，每个扇区可记录 1024 个字节。回答如下问题。

① 共有多少磁盘柱面？

② 非格式化与格式化的存储容量各为多少？格式化容量占非格式化容量的百分之几？

③ 数据传送率是多少？

④ 直接寻址最小单位是什么？寻址命令中如何表示磁盘地址？

9.2　从供选择的答案中，选出正确答案，并把其序号填写到答案的相应栏中。

① 查找时间是 $\boxed{A}$ 。

② 光盘可以极大地提高 $\boxed{B}$ 。

③ 微型计算机常配的滚筒式绘图机中 $\boxed{C}$ 。

④ 与激光打印机有关的概念是 $\boxed{D}$ 。

⑤ 阅读条形码的硬件设备是 $\boxed{E}$ 。

供选择的答案：

A：① 使磁头移到要找的柱面上所需时间；
　　② 在柱面上找到要找的磁道所需的时间；
　　③ 在磁道上找到要找的扇区所需的时间；
　　④ 在扇区中找到要找的数据所需的时间。

B：① 可移动性；
　　② 传送率；
　　③ 奇偶校验能力；
　　④ 存储容量。

C：① 只能配一支绘图笔；
　　② 绘图笔沿两条坐标轴运动；
　　③ 绘图笔沿一条坐标轴运动，图纸沿另一条坐标轴运动；
　　④ 图纸沿两条坐标轴运动。

D：① 光纤、聚集、扫描；

② 曝光、显影、定影；

③ 光笔、点阵、扫描；

④ 光栅、映像、合成。

E：① 读卡机；

② 光扫描器；

③ 光符阅读器；

④ 磁条阅读器。

答案填写处：

A	B	C	D	E

9.3 从供选择的答案中,选择正确答案,并把其序号填入答案的相应栏中。

磁盘存储器规格如下。

柱面数/磁盘：800 柱面。

磁道数/柱面：20 磁道。

有效容量/磁道：13 000 字节。

块间隔：235 字节。

快速：3000 转/分。

① 在该磁盘存储器中,以 1000 个字节为一个记录,若每块为 1 个记录,则一个磁道能存 10 个记录。如果要存放 12 万个记录,则需 $\boxed{A}$ 个柱面(一个块的记录不允许跨越多个磁道)。

② 若每块为 6 个记录,其他条件同①,需要 $\boxed{B}$ 个柱面。

③ 该磁盘存储器的平均等待时间为 $\boxed{C}$ ms,数据传送率是 $\boxed{D}$ B/s。

供选择的答案：

A、B、D：① 400　② 420　③ 440　④ 460　⑤ 480

　　　　⑥ 500　⑦ 550　⑧ 600　⑨ 650　⑩ 700

C：　　① 5　② 10　③ 15　④ 18　⑤ 20

　　　　⑥ 30　⑦ 36

答案填写处：

A	B	C	D

9.4 一磁盘组有 20 个记录面,盘面直径为 45cm(18 英寸),每面记录信息的有效区域为 13cm,记录密度为 100tpi 和 1000bpi,转速为 2400 转/分,道间移动时间为 0.2ms,计算：①该磁盘组容量的字节数 C；②数据传输率的每秒字节数 D_v；③平均存取时间 T_{sa}。

第 10 章 存储体系

本章介绍现代计算机系统的存储体系,内容有存储层次结构、相联存储器、高速缓冲存储器和虚拟存储器。

10.1 存储系统的层次结构和相联存储器

1. 存储系统的层次结构

(1) 存储体系的概念 存储体系是指由不同层次的存储器,由相应的硬件和软件有机组合而成的存储系统结构。它有如下特点。

① 层次结构 整个存储系统的硬件结构为层次结构,称为存储器层次结构(memory hierarchy)。现代计算机的存储器层次结构,如图 10.1 所示。

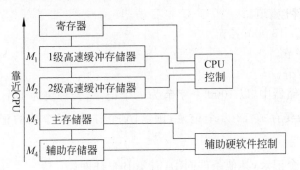

图 10.1 存储器多级层次结构

② 信息自动调动 在存储器层次结构中各层次之间的信息调度由 CPU 和辅助硬件、软件直接完成,而不需人工操作。

③ 性价比高 这种层次结构的存储体系能发挥整个存储系统的最大效能,有最佳的性能价格比。在存储体系中,i 级存储器和 $i+1$ 级存储器在每位价格、访问时间和存储容量上有如下关系。

每位价格:$C_i > C_{i+1}$;

访问时间:$T_{Ai} < T_{Ai+1}$;

存储容量:$S_i < S_{i+1}$。

也就是说,靠近 CPU 的存储器的每位价格要比远离 CPU 的存储器的每位价格大;而其访问时间和存储容量都要比远离 CPU 的存储器的小。

存储体系的设计目标是使存储系统的存取速度接近 M_1 的存取速度,也就是接近寄存器的存取速度;而存储容量大于 M_n 的,且价格接近 M_n 的。

(2) 存储器层次结构的工作原理 这种存储体系在工作时,CPU 首先访问靠近它的 M_1 存储器;如果 M_1 中没有 CPU 要访问的内容,则存储系统通过辅助硬件,到 M_2 存储器中去找；如果 M_2 中也没有要访问的内容，则存储系统通过辅助硬件或软件，到 M_3 中去找。然后，把找到的数据逐级上调。

（3）存储体系结构的性能指标及其提高的方法　存储体系结构的性能指标主要是访问时间 T_A、存储容量 S 和每位价格 C 这 3 项。这里，介绍它们的计算方法以及提高其性能指标的方法。

① 访问时间 T_A　也称等效访问周期（equivalence memory cycle）。假定 N_1 代表在 M_1 中访问得到所需信息的次数，N_2 代表需从 M_2 中调度信息的次数，那么，CPU 能从 M_1 中获取信息的概率，叫命中率（hit ratio），用 H 表示。

$$H = \frac{N_1}{N_1 + N_2} \tag{10.1}$$

设 M_1 和 M_2 的访问时间分别为 T_{A1} 和 T_{A2}，那么，二级存储体系结构的访问时间 T_A 的值为

$$T_A = H T_{A1} + (1 - H) T_{A_2} \tag{10.2}$$

由该式可以看出，缩短 T_A 的途径有两个。

一是提高 H 的值，H 越接近 1 越好。而提高 H 值的办法有以下两个。

• 加大 M_1 的容量，使 M_1 装有足够用的信息，这当然会使存储体系的价格上升。

• 改进辅助硬件性能，如能将 CPU 将要访问的内容提前调入 M_1，就能做到使 H 值为 1。

二是缩短 M_1 和 M_2 的访问时间，这里也有两种办法可采用，即：

• T_{A1} 和 T_{A2} 同时缩小。

• 使 T_{A2} 接近 T_{A1}。

② 每位价格　存储体系结构的每位价格 C 为：

$$C = \frac{C_1 S_1 + C_2 S_2 + \cdots + C_i S_i + \cdots + C_n S_n}{S_1 + S_2 + \cdots + S_n} \tag{10.3}$$

由该式可以看出，若低一级的存储容量大大超过上一级的存储容量，即 $S_i \ll S_{i+1}$。则 C 就越接近低一级的存储元件的价格 C_{i+1}。

但并不是 S_i 和 S_{i+1} 的容量差别越大越好，容量差别越大，信息调度的难度越大，这样就会降低访问效率。反过来，如果缩小 S_i 和 S_{i+1} 的容量差别，信息调度难度下降，但结构层次就要增多；而层次多了，同样，又要影响访问效率。因此，存储体系结构的层次及各层的容量要综合总容量、体格要求以及访问时间来确定。

2. 相联存储器

相联存储器是 20 世纪 80 年代后期发展起来的一种按内容访问的存储器。

1）工作原理

相联存储器是按内容访问的存储器，属于随机访问存储器。其工作原理是把数据字的某字段作为关键字，访问时，只要给出要找数据字的关键字的值，它就能用该关键字同时与存储体中所有单元进行比较，找出与关键字相同的数据字，并且有多少个就能找出多少个。

2）结构与功能

① 结构　相联存储器的结构框图如图 10.2 所示。

② 器件及其功能　这里说明相联存储器中各器件的功能。

• 检索寄存器　也叫比较数寄存器，用来存放检索字（关键字）。

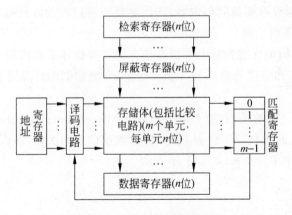

图 10.2 相联存储器结构框图

- **屏蔽寄存器** 用来屏蔽关键字以外的位,即若把与关键字对应的各位置为 1,其余位置为 0,则将不参与比较的位屏蔽掉,得到用于检索的关键字的值。
- **存储体** 其各单元相对于关键字的字段同时与关键字进行比较,相同者,将其匹配寄存器的对应位置为 1。
- **译码电路** 寻找匹配寄存器中为 1 的位所对应的存储单元。
- **数据寄存器** 用来存放读出或写入的数据。

3) 电路

① **相联存储单元电路** 一般来说,相联存储器是按内容访问的存储器,但它也具有按地址访问的能力。一位相联存储单元电路及其逻辑符号如图 10.3 所示。

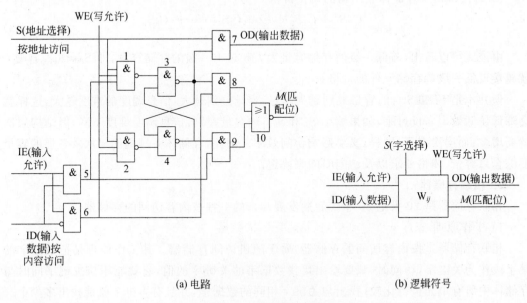

(a) 电路   (b) 逻辑符号

图 10.3 一位相联存储单元

电路中,与非门 3 和 4 组成 RS 触发器,构成一位的存储单元;与非门 1 和 2 是按内容访问或按地址访问的控制门;与门 5 和 6 用来实现数据的输入与屏蔽;与门 7 是数据输出控制端;与门 8、9 及或非门 10 构成比较器,输出匹配信号。

② 2×2 阵列相联存储器　用一位相联存储单元可以构成相联存储器,为简单起见,这里给出 2×2 阵列,如图 10.4 所示。

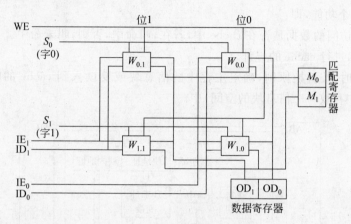

图 10.4　2×2 阵列相联存储器

4）用途

相联存储器的重要用途有如下 3 个方面。

① 在虚拟存储器中用来作段表、页表存储器或快表存储器。

② 用做高速缓冲存储器。

③ 用于数据库和知识库中。

10.2　高速缓冲存储器

高速缓冲存储器,简称高速缓存,是 20 世纪 60 年代末发展起来的一项计算机存储技术,英文名字叫 cache memory,简称 cache。本节就介绍它的特点、组织及其工作原理。

1. 特点与容量

（1）特点　cache 有如下特点。

① 位于寄存器与主存之间,是存储器层次结构中级别最高的一级。

② 容量比主存小,目前一般有数 KB 到数 MB。

③ 速度一般比主存快 5～10 倍。

④ 由快速半导体存储元件组成。

⑤ 其内容是主存的部分副本(使用频率高的数据)。

⑥ 可用来存放指令,也可用来存放数据。

（2）容量　cache 的容量是设计 cache 时需要重点考虑的问题之一,要从以下几个方面考虑。

① 从成本上考虑　容量应尽量小。

② 从性能上考虑　其容量应尽量大。

③ 就高速缓存本身考虑　其容量大的寻址时间要比小的长。

④ 考虑芯片或印刷线路板空间　其容量不宜太大。

有关研究表明,高速缓存容量的最佳选择为 1~512KB 之间。

2. 组织

(1) 组成 cache 由控制电路和存储器两部分组成,如图 10.5 所示。其中虚线框内为控制部分,有 3 个功能,即:

- 判断要访问的数据是否在 cache 中,若在,叫命中,否则,叫未命中。
- 命中时,进行 cache 的寻址。
- 未命中时,按替换原则,确定主存中的信息块或要读入到 cache 的哪个槽(slot,指 cache 中存放一个信息块的空间)中。

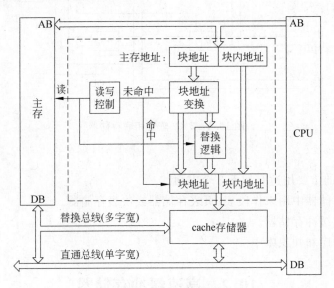

图 10.5 cache 的逻辑结构

cache 存储器中存放着主存的部分副本,是由主存以块为单位传送给它的。块的大小直接关系到 cache 存储器的命中率和在传输上的开销,因此,在确定块的大小时,也要从这两方面考虑。

- 从命中率的角度考虑,块不能太小,也不能太大。太小,块的局部性特征就不明显。所谓局部性特征,就是指前后所要找的数据就在附近,在一个块内的可能性较大,这样,命中率当然会高。所以,适当地增大块的大小,会提高命中率。但块太大,块的个数就少。这样,为提高命中率,新块替换旧块的频率就高,命中率反而会下降。这是因为,根据局部性原理,要找的数据很可能被替换掉了。
- 从传输开销的角度考虑 块也不能太大。太大,块的替换次数增多,每次传输的数据量就大,这样,时间开销也大。

目前,一般认为,块的大小选为 4~128 个字节,是最佳的选择。

(2) 结构 现代计算机的 cache 组织一般都采用多级结构。

① 二级 cache 结构

- 第一级 cache 称做 L1 cache,集成在处理器芯片内,故也叫内部 cache(internal cache)或片上 cache(on-chip cache)。其特点:一是容量小,受芯片空间所限,不可能做大;二是性能好,因为它无需使用外部总线,且与处理器的连线短。

- 第二级 cache　称做 L2 cache,是处在处理器与主存之间的一级存储器,故也叫外部 cache(external cache)。其特点:一是容量较大,容量不受芯片限制;二是性能不如第一级的好,因为它传输数据要经过外部总线。它采用 SRAM 技术制作,所处位置及内部组成如图 10.5 所示。

② 统一和分离 cache　是指片内 cache 所采用的两种结构形式。

- 统一 cache(unified cache)　是指既存数据,又存指令的片内 cache,早期的片内 cache 基本上都属于这种结构。它的优点:一是命中率较高。因为根据 cache 的替换算法,它总是使用用得多的数据替换掉用得较少的数据,这样,指令用得多,cache 存储器中的指令就多,相反,数据就多,使命中率能保持在一个较高水平。二是只需一个 cache,造价较低。缺点是控制器与运算器会对 cache 有竞争。

- 分离 cache(split cache)　是指两个独立的片内 cache,一个专门用来存放数据的数据 cache,另一个专门用来存放指令的指令 cache。这种双 cache 结构,就叫分离 cache。其优点:一是避免了控制器与运算器对 cache 的竞争;二是适合流水线执行方式。缺点是造价较高。

③ 片内多级 cache 结构

- 片内二级 cache 结构　VLSI 技术的发展使第二级 cache 集成到处理器芯片内成为可能。例如,Pentium Ⅲ 的 copper mine 版本处理器内,就有两级 cache。第一级是由一个 16KB 的指令 cache 和一个 16KB 的数据 cache 组成的分离 cache;第二级是一个 256KB 的统一 cache。

- 片内三级 cache 结构　Pentinm 4 处理器的服务器版本就有片内三级 cache;第一级是分离 cache,数据 cache 8KB;第二级是统一 cache,容量为 256KB;另外,还有第三级。

3. 读写操作

CPU 访问带有 cache 的主存时,其读写操作是按如下技术进行的。

1) 读操作

① 命中时　数据从 cache 中读取,与主存无关。

② 未命中时　有以下两种处理方式。

- 一种方式是将包含所要读取信息字的整个数据块从主存中读进 cache,之后,再将该字传送给 CPU。

- 另一种方式叫直接读取,即该字一旦从主存中读出,就立即送给 CPU。这种方法能减少 CPU 的等待时间;但需要有复杂的电路,成本较高。

2) 写操作

① 命中时　有以下两种处理方式。

- 一种是直接写(write through)　即通过 CPU 与主存间的直通总线,把要写的数据直接同时写进 cache 和主存。该方法利于保持主存数据的有效性,但当某数据多次在高速缓存被更新时,会造成不必要的对主存的写操作。

- 另一种是回写(write back)　其目的是尽量减少主存的写入操作。为此,它把信息只写入 cache,并把相应槽的修改位置 1,表明该槽被修改过。当 cache 块需要替换时,才将修改过的 cache 块送回主存,为新调入的块腾出空间,同时复位修改位。该方法在一定程度上解决了主存与 cache 的不一致问题,还能改善性能;但仍会有部分主存失效。

② 未命中时　是否将相关块调入 cache,有两种处理方法。

- 一是非写分配(no-write allocate)　该方法只把信息写入主存,而不把该信息所在的块从主存调入 cache。
- 二是写分配(write allocate)　该方法除了把信息写入主存外,还要把该信息所在的块从主存中调入 cache。

4. 地址映像方法

从图 10.5 已经看到,CPU 供给的地址是主存的地址,要访问 cache,就必须把该地址变换成 cache 的地址。这种地址变换就叫做地址映像。cache 的地址映像有如下 3 种。

(1) 直接映像(direct mapping)　在这种映像中,主存块地址与 cache 块地址的对应关系如图 10.6 所示。

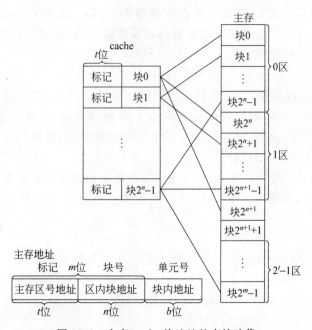

图 10.6　主存-cache 块地址的直接映像

从图 10.6 可以看出,在该映像中,按 cache 容量的大小,把主存空间分成若干个区。就每个主存区来说,它的块与 cache 的槽是一一对应的,即每个主存块都有固定 cache 槽映像,当读取数据时无需相联检索,当替换 cache 块时不用使用算法,因此,人们把该映像方式称为直接映像。

在该映像中,CPU 给出的主存地址可以分为 3 个字段:标记(tag)字段,表示区号;块(槽)字段,表示块(槽)号;单元号字段,表示块内地址,通常是字节单元号。

可见,在该映像方法中,cache 槽(块)地址 j 与主存块地址 i 的关系(即映像函数)为

$$j = i \bmod 2^n \qquad\qquad (10.4)$$

图中的主存块标记用来表明,主存对应于同一 cache 块而分布在 2^t 个区中的 2^t 个块,究竟是哪一个区的对应块存入到 cache 中。图 10.5 中的块地址变换部件收到 CPU 送来的主存地址后,根据映像函数及标记,就能判断出访问是否命中。存在 cache 中的标记位与主存的块标记位相同者,表示命中。

这种映像方法的优点是地址变换简单,实现容易且速度快。主要缺点是块冲突概率高,如果程序重复访问的两个主存块,恰巧都映射到 cache 的同一槽,为提高 cache 的命中率,这些块将不断地交换到 cache 中。结果适得其反,cache 的命中率反而下降。其次是 cache 地址与主存地址的对应关系不够灵活。

【例 10.1】 主存容量 16MB,cache 容量 8KB,4 个字节为一块,采用直接映像。回答如下问题。

① 主存与 cache 各含有多少块?

② 主存分几个区?

③ 主存的地址分几个字段? 每段各多少位?

④ 用表表示出主存块与 cache 槽的映射关系。

⑤ 假定访问如下存储单元,均命中 cache。

000000H,000008H,010004H,01FFFCH,11FFF8H,FFFFFCH。

则命中的分别是 cache 的哪些块,区号标记又分别是什么?

解

① 主存和 cache 所含的块数分别为:

$$16MB/4B = 4M(块)$$

$$8KB/4B = 2K(块)$$

② cache 含有 2K 个块,即主存每 2K 个块为一个区,所以,主存的区数为:

$$4M \div 2K = 2^{22}/2^{11} = 2^{11} = 2K$$

③ 主存地址有 3 个字段,分别是区号标记字段、区内块字段和块内字节地址字段,16MB 的内存含有 2^{24} 个字节单元,以字节为存储单元,该内存地址共有 24 位。4 个字节为一块,块内字节地址占两位;2K 个块为一区,区内地址,即块号地址占 11 位,剩下的 11(24－2－11)位就是区号标记位。所以,主存的三字段格式如图 10.7 所示。

区号标记字段	区内块地址	块内字节地址
11 位	11 位	2 位

图 10.7 主存的三字段格式

④ 依据前面的计算,cache 中共有 2K 个槽:主存共有 2K 个区,每区含有 2K 个块。根据直接映像,主存每区的第 0 块与 cache 的第 0 槽相映射,第 1 块与第 1 槽映射,……。第 2K－1 块与第 2K－1 槽映射,因此,可得映像表如表 10.1 所示。

表 10.1 主存与 cache 映像表

cache 槽	对应的主存块地址(2K×2K)
0 号槽	000000H,000800H,001000H,…,3FF800H
1 号槽	000001H,000801H,001001H,…,3FF801H
⋮	⋮
2K－1 槽	0007FFH,000FFFH,0017FFH,…,3FFFFFH

⑤ 参考该题第 3 问的答案,并根据直接映像中主存块与 cache 槽的对应关系,不难确定 6 个主存单元的区号标志,所处的区以及访问它们所命中的 cache 槽。答案如表 10.2 所示。

表 10.2　主存地址的区号及命中的 cache 槽

所访问的主存单元地址	区号标志	所处区	命中的 cache 槽
000000H	000H	第 0 区	第 0 槽
000008H	000H	第 0 区	第 2 槽
010004H	008H	第 8 区	第 1 槽
01FFFCH	00FH	第 15 区	第 (2K−1) 槽
11FFF8H	08FH	第 143 区	第 (2K−2) 槽
FFFFFCH	7FFH	第 (2K~1) 区	第 (2K−1) 槽

(2) 全相联映像(associative mapping)　这种映像方式允许主存的每一块数据可以存到 cache 的任何一个槽中,也允许从已被占满的 cache 中替换任何一块数据,如图 10.8 所示。

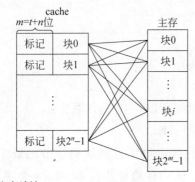

图 10.8　主存-cache 块地址的全相联映像

在这种映像中,主存的地址由两个字段组成:一个是标记字段,表示块号;另一个是单元号字段,表示块内地址。cache 槽内,不仅存有数据块,还必须存上主存的块标记,以用来确定 cache 槽与主存块的映像关系。如果 n 和 m 分别代表 cache 和主存的块地址的位数,那么,cache 块地址 j 与主存块地址 i 的映像关系,可以表示为

$$(j)=i \quad (0 \leqslant j < 2^n, 0 \leqslant i < 2^m) \quad (10.5)$$

当 CPU 访问使用该映像方式的主存时,首先要在 cache 中检索与给定地址块标记相同的槽,然后再根据块内地址查找数据。在这个过程中,如果是逐槽检索,显然速度太慢。为提高性能,全相联映像必须采用相联检索技术,即 cache 按相联存储器技术设计,用硬件同时对 cache 的所有槽的块标记进行检索,以确定主存块与 cache 槽的映像关系。

正因为在该映像中,每个主存块都可以映像到所有 cache 槽,而在检索信息时,又使用了相联检索技术,同时检索所有 cache 槽,换句话说,每个主存块都与全部 cache 槽相联,每次访问主存也都与全部 cache 相关。因此,人们把该映像方式称为全相联映像。

该映像方法的优点是 cache 空间可以得到更充分的利用,块冲突概率低。缺点是由于采用硬件检索技术,成本很高。最早的 cache 就是用硬件实现全相联地址映像的,目前已几乎见不到使用该映像方式的产品了。

【例 10.2】　主存容量 16MB,cache 容量 64KB,采用全相联映像,4 个字节为一块。回答如下问题。

① 主存和 cache 的地址最高的块、槽地址各是多少?

② 主存地址的块标记字段和字字段各是多少位?

解 主存和 cache 的块数分别为

$$16\text{MB}/4\text{B}=2^{20}\cdot2^4\text{B}/2^2\text{B}=2^{22}（块）$$

$$64\text{KB}/4\text{B}=2^{10}\cdot2^6\text{B}/2^2\text{B}=2^{14}（块）$$

因此，

① 主存和 cache 的最高块地址分别是：

第 3FFFFFH 块（或记作 FFFFFCH）和第 3FFFH 块（或记作 FFFCH）

② 主存地址的块标记字段和字字段分别是：

22 位和 2 位

（3）组相联映像（set associative mapping）　这种映像方式是前述两种方法的一种折中方案，如图 10.9 所示。

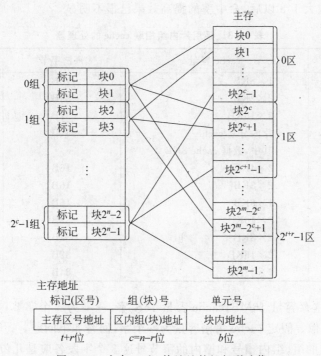

图 10.9　主存-cache 块地址的组相联映像

在该映像中，CPU 给出的主存地址也可以分为 3 个字段：标记字段，表示主存区号；组（块）(set)字段，给出对应的 cache 组号；单元号字段，表示块内地址，通常是字节单元号。

该映像把 cache 分为 2^c 组，每组包含 2^r 个块，cache 共有 $2^n=2^{c+r}$ 个块；主存共有 $2^m=2^{t+c+r}$ 个块，是 cache 的 2^t 倍，分为 2^{t+r} 个区。这里，cache 的块地址 j 与主存的块地址 i 之间的映像关系（映像函数）为

$$j=(i\bmod 2^c)\times2^r+K\quad(0\leqslant K\leqslant2^r-1)\tag{10.6}$$

式中，K 为组内块选参数。

显然，该映像从主存块与 cache 组的映像关系看，是直接映像；而从主存块与 cache 组内块的映像关系看，是全相联映像。可见，其性能和复杂性介于直接映像与全相联映像之间。当 $r=0$ 时，就成为直接映像方式；当 $r=n$ 时，就是全相联映像。

在该映像中，不论是读取信息，还是替换 cache 块，都是根据主存地址的组字段找到

cache 对应组,然后对组内所有槽的标记进行相联检索,查找要访问的块。为此,该映像 cache 的每组都应有一个同样的相联检索电路,显然,所有组共用一个相联检索电路应是最佳方案。鉴于该映像中一个主存块可以映像到一组 cache 槽中的任意槽;读取信息或替换 cache 块时,要对相应组的所有槽的标记进行相联检索,所以,称该映像为组相联映像。实际上,它相联检索的只是一组中的标记,不过是几个而已。从这一点来看,相对于全相联映像,也可以把它叫做多相联映像。

在该映像中,若每组 cache 含有 S 个槽,就称为 S 路组相联。图 10.9 所示的是 2 路组相联结构。对于组相联来说,每组所含的槽数是一个重要参数。其值大,相联检索电路较复杂,造价就较高,而槽的利用就相对灵活;其值小,相联检索电路较简单,造价就较低,而槽的利用灵活性就相对较差。目前的处理器大都采用 2、4、8 路组相联片内 cache,如表 10.3 所示。这是因为路数大于 8 以后,命中率的提高效果已很不明显。

表 10.3　采用片内组相联 cache 的处理器

处理器名称	cache 容量	每槽字节	组相联路数
80486	$1\times 8KB$	16B	4
Pentium	$2\times 8KB$	32B	2
PentiumⅢ	$2\times 16KB$	32B	4
Pentium 4	片内分立 cache 其中,数据 cache 8KB	64B	4
68040	$2\times 4KB$	16B	4
68060	$2\times 8KB$	16B	4
ARM720T	$1\times 8KB$	16B	4
ARM920T	$2\times 16KB$	32B	64
Power PC603	$2\times 8KB$	32B	2
Power PC604	$2\times 16KB$	32B	4
Power PC620	$2\times 32KB$	64B	8

【例 10.3】　主存容量 16MB,cache 容量 16K 字,一字为 4 个字节,主存与 cache 采用 2 路组相联地址映像。假定 cache 每槽容量为一个字,回答如下问题。

① cache 地址的组、组内槽号和槽内的字节号这 3 个字段各应是几位?

② 主存地址的标记、组和字 3 个字段各应是几位?

解

① 已知 cache 容量＝16K 字＝64KB,每槽 1 字＝4B

则 cache 共有

$$64KB/4B = 2^{16}B/2^2B = 2^{14}(槽)$$

因为采用 2 路组相联,所以 cache 的组数为

$$2^{14}/2^1 = 2^{13}(组)$$

于是,cache 的 3 字段的地址格式如图 10.10 所示。

组地址	组内槽地址	槽内地址
13	1	2

图 10.10　cache 的 3 字段地址格式

② 已知主存容量 $=16MB=2^{24}B/2^2=2^{22}$（块）

因为在 2 路组相联中，主存的一块与 cache 的一组相映像。所以主存的区数为 $2^{22}/2^{13}=2^9$（区）。

因此，主存地址的 3 个字段的位数如图 10.11 所示。

标记（区号）	组（区内块数）	字（块内单元数）
9	13	2

图 10.11　主存地址的 3 个字段的位数

5. 替换算法

从以上对 3 种地址映像方法的分析，已经知道，直接映像不需要替换算法；而在全相联映像和组相联映像中，一个主存块可以分别映像到全部和一组 cache 槽中，即可以分别在整个和一组 cache 中选取存放信息块的槽。因此，在后两种映像中，当 cache 装满时，如何使 cache 中总保持着使用频率高的信息，这就需要研究替换算法。研究的目标是，使 cache 获得最高命中率，即 CPU 访问主存时，cache 的命中率最高。下面，分析五种替换算法。

（1）随机替换算法（random，RAND）　这种算法用随机数发生器产生需替换的块号。由于这种算法没有考虑信息的历史情况和使用情况，故命中率很低，已无人使用。

（2）先进先出算法（first in first out，FIFO）　这种算法是把最早进入 cache 的信息块给替换掉。由于这种方法只考虑了历史情况，并没有反映出信息的使用情况，所以命中率并不高。原因很简单，最先进来的信息块或许就是经常要用的块。

（3）近期最少使用算法（least recently used，LRU）　这种算法是把近期最少使用的信息块替换掉。这就要求随时记录 cache 中各块的使用情况，以便确定哪个字块是近期最少使用的。由于近期使用少的未必是将来使用最少的，所以，这种算法的命中率比 FIFO 有所提高，但并非最理想。

（4）最不经常使用算法（least-frequently used，LFU）　这种算法利用与每个槽相关的计数器，替换掉 cache 中引用次数最少的块，是一种较为有效的算法。

（5）优化替换算法（optimal replacement algorithm，OPT）　这是一种理想算法，实现起来难度较大。因此，只作为衡量其他算法的标准，这种算法需让程序运行两次，第一次分析地址流，第二次才真正运行程序。

下面通过一个程序的运行情况来说明 FIFO、LRU 和 OPT 这 3 种算法的工作过程及性能比较。假定该程序有 5 块信息块，cache 空间为 3 块，该程序的块地址流如表 10.4 所示。

表 10.4　程序块地址流

时间	t	t_1	t_2	t_3	t_4	t_5	t_6	t_7	t_8	t_9	t_{10}	t_{11}	t_{12}
使用块	P_i	P_2	P_3	P_2	P_1	P_5	P_2	P_4	P_5	P_3	P_2	P_5	P_2

那么，3 种算法的工作过程和命中情况如图 10.12 所示。图中，标有 ∗ 号的 cache 块是被选中的替换块。从该图可以看出，3 种算法运行同一程序的结果是，OPT 算法的命中率最高，为 6 次；LRU 算法的命中率接近 OPT，为 5 次；FIFO 算法的命中率最低，为 3 次。

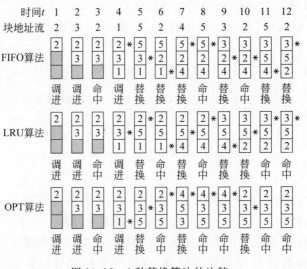

图 10.12　3 种替换算法的比较

10.3　虚拟存储器

1. 虚拟存储器的概念

(1) 虚拟存储器　虚拟存储器(virtual memory)是由高速缓存、主存和辅存所组成的物理存储层次结构和负责信息块划分以及主存与辅存之间信息调度的存储管理部件(memory management unit, MMU)及操作系统的存储管理软件所组成的存储系统。用户使用这种存储系统时，就好像有一个足够大的主存，编程不受主存容量的限制，而实际上主存并未扩大，故把这种存储系统称为虚拟存储器。

(2) 虚拟存储器的目标如下：

① 使计算机的逻辑存储容量达到辅存的实际容量。

② 使计算机的存取速度接近主存的速度。

③ 使计算机整个存储系统的成本接近辅存的成本。

(3) 虚拟存储器的分类　根据信息块的划分，虚拟存储器可分为 3 种。

① 页式虚拟存储器。

② 段式虚拟存储器。

③ 段页式虚拟存储器。

2. 页式虚拟存储器

(1) 页式虚拟存储器　页式虚拟存储器是以页为信息传送单位的虚拟存储器。也就是说，在这种虚拟存储器中，不论是虚拟空间，还是主存空间都被分成大小相等的页。

(2) 页表　记录虚页和实页对照关系的表叫做页表(page table)。每个程序都有一张页表，页表按虚页号顺序排列，如图 10.13 所示。主存中有固定的区域存放页表。页表是根据程序运行情况由存储管理软件自动生成的，对程序员是完全透明的。

页表中，装入位为 1 表示该虚页已调入主存，为 0 表示尚未调入；修改位为 1 表示实页内容被修改过，为 0 表示未修改；替换位为 1 表示该实页的内容要被替换，为 0 则不替换。

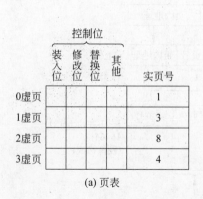
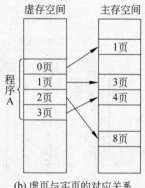

(a) 页表　　　　　　　　　(b) 虚页与实页的对应关系

图 10.13　程序 A 的页表

（3）虚实地址变换　其变换是由存储管理部件和操作系统中的存储管理软件根据页表进行的。存储管理软件收到 CPU 送出的虚地址后,首先判断该虚页是否在主存中。若不在,需把该页内容调入主存某页;若在,应确定是在主存的哪一页（实页）。变换过程如图 10.14 所示。

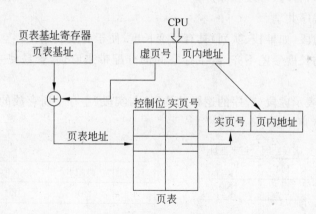

图 10.14　页式虚拟存储器的虚—实地址变换

（4）由快表和慢表联合进行的地址变换　快表（translation lookaside buffer,TLB）也叫地址转换后备缓冲器,设置在 cache 中,容量很小,一般为 16～64 行,由硬件组成,按内容寻址（即相联存储器）;慢表在主存中,按地址寻址。快表是慢表的部分副本。由快表和慢表联合进行的虚实地址变换过程是,同时用快表和慢表查找虚页号,如果在快表中查找到,就立即终止查找慢表,同时把查找到的实页号送到主存的地址寄存器中;如果在快表中没有查找到,而在慢表中查到,也把查到的实页号送到主存的地址寄存器中,同时把该实页连同虚地址送入快表中。若快表是满的,则采用某种替换算法进行替换。变换过程如图 10.15 所示。

3. 段式虚拟存储器

（1）段式虚拟存储器　是以程序的逻辑结构所形成的段（如过程、子程序等）作为主存分配单位的虚拟存储管理方式。

（2）段式虚拟存储器的优缺点。

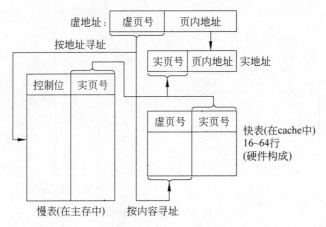

图 10.15　用快表和慢表联合进行的地址变换

① 优点　有如下几个方面。

- 段的界线分明。
- 段易于编译、管理、修改和保护。
- 便于多道程序共享。
- 某些类型的段(如堆栈、队列)具有可变长度,便于有效利用主存空间。

② 缺点　段的长度参差不齐、给主存空间的分配带来麻烦,容易使主存形成不能利用的零头。

(3) 段表　是表示虚段(程序的逻辑结构段)与实段(主存中所存放的位置)之间关系的对照表,如图 10.16 所示。

段号	段起点	装入位	段长
1	0	1	1K
2		0	
3	5K	1	3K
4		0	
5	1K	1	2K

(a) 程序段在主存中的分配情况　　　　　　　　(b) 段表

图 10.16　程序在主存中的分配及其段表

段表也是一个段,一般驻留在主存中;也可存在辅存中,需要时再调入主存。

(4) 虚实地址变换　程序运行时,要根据段表确定所访问的虚段是否已调入主存中;若没有调入,要进行调度;若已调入,就要确定其在主存中的位置,也就是要进行虚实地址的变换。虚实段地址的变换过程如图 10.17 所示。

4. 段页式虚拟存储器

(1) 段页式虚拟存储器　它是页式虚拟存储器和段式虚拟存储器的结合。在这种虚拟存储器中,程序按逻辑结构分段,每段再分成大小固定的页。程序对主存的调入调出是以页

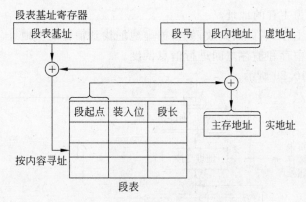

图 10.17　段式虚拟存储器的地址变换

为单位进行的。但又可以按段实现其数据的共享和保护。可见,段页式虚拟存储器兼有页式和段式两种虚拟存储器的优点,故目前被大中型机所采用。

(2) 虚实地址变换　这里以多道程序为例。多道程序是指有多个用户在机器上运行的情况。这时,虚地址格式如图 10.18 所示。

基号 D	段号 S	页号 P	页内地址 d

图 10.18　虚地址格式

图 10.18 中,基号为用户标志,指明该道程序的段表起点。段页式虚拟存储器的地址变换如图 10.19 所示。

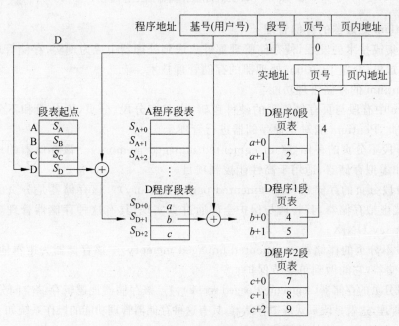

图 10.19　段页式虚拟存储器的地址变换

(3) 工作过程　由于程序员在按虚拟存储空间编程时,他所用的虚拟地址,只是辅存逻辑地址,因此,段页式虚拟存储器的工作过程包括如下 3 步:

① 虚地址变换为主存的地址。

② 若该页未在主存,叫页面失效,就根据虚地址找到辅存的实地址。

③ 根据需要在主存和辅存之间进行信息调度。

工作过程如图 10.20 所示。

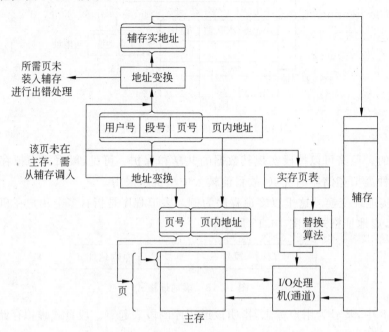

图 10.20　段页式虚拟存储器的工作过程

5. Pentium 处理器的存储管理

微电子集成技术的发展,使存储管理部件集成到处理器中成为现实,存储管理的硬件化得以实现。这里,介绍 Pentium 处理器的存储管理技术。

(1) Pentium 的存储管理功能

Pentium 中有段与页存储管理的硬件逻辑,它具有分段、分页、不分段和不分页 4 种管理功能。因此,Pentium 能对 4 种存储器进行管理。

① 不分段不分页的存储器(unsegmented unpaged memory)　该存储器的地址就是物理地址,是非虚拟存储器,适用于高性能控制项目。

② 不分段分页的存储器(unsegmented paged memory)　该存储器是分页的线性地址空间,属页式虚拟存储器,其管理与保护全部通过页实现,具有这种存储器管理功能的操作系统如 Berkeley UNIX。

③ 分段不分页的存储器(segmented unpaged memory)　该存储器为逻辑地址空间,属段式虚拟存储器,它能做到单字节保护。

④ 分段分页的存储器(segmented paged memory)　该存储器把逻辑存储空间分为段,段内再按页进行管理,这就是段页式虚拟存储器,具有这种存储器管理功能的操作系统如 UNIX。

(2) Pentium 所支持的存储容量

① 支持的物理存储空间　Pentium 的物理地址为 32 位,因此,它所支持的物理空间为 4GB。

② 支持的虚拟存储空间　Pentium 的虚拟地址,即逻辑地址为 48 位,由 16 位段地址和

32 位段内偏移量组成。段地址中,2 位用于请求存储的特权级,1 位用于表示是全局段还是局部段,其余 13 位用于在全局段或局部段中检索,以寻找具体的段。

可见,Pentium 的虚地址中 14 位用来确定段号,所支持的逻辑段数为 $2^{14}=16K$ 段,每段的容量为 $2^{32}=4GB$,因此,它所支持的总虚拟存储空间为 $4GB \times 16K = 2^{32} \times 2^{14} = 2^{46} = 64TB$。这就是 Pentium 使用分段技术时所支持的虚拟存储空间容量,如果不使用分段,它所支持的虚拟存储空间为 $2^{32}=4GB$。

(3) 虚实地址变换

① 段地址到线性地址的变换　如果 Pentium 用于分段管理的存储器,就要把程序的逻辑地址转换成由页目录、页表和页内偏移量所组成的线性地址(linear address),该转换使用段表实现。而使用无分段的存储器时,程序的逻辑地址就是线性变换。

② 页检索机制　页检索的目的是,经过页表的索引,把线性地址转换成物理地址。Pentium 的页检索机制为二级索引。

- 第一级为页目录。它把 4GB 的线性存储空间分为 1K 个页目表,每个页目录的大小为 4MB,存放着相应的页表。
- 第二级为页表。含有 1K 个页,每页大小为 4KB。

Pentium 把逻辑地址变换成物理地址的过程如图 10.21 所示。

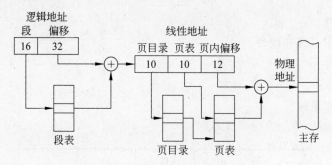

图 10.21　Pentium 的地址变换机制

习　　题

10.1　对页式虚拟存储器编程时,某操作数的虚地址为 01FE0H;该程序的页表起始地址是 300H;页面大小为 1K;页表的内容如图 10.22 所示,求出该操作数的实地址。

	控制位	实面号
007H		0001
	⋮	⋮
300H		0011
	⋮	⋮
307H		1100

图 10.22　习题 10.1 图

10.2 把正确答案的序号填入答案的对应栏内。

问题：cache 介于 $\boxed{A}$ 之间，由 $\boxed{B}$ 完成信息动态调度，目的是使 $\boxed{C}$；虚拟存储器是为了使用户可运行比主存容量大得多的程序，它要在 $\boxed{D}$ 之间进行信息动态调度，这种调度是由 $\boxed{E}$ 来完成的。

供选择的答案：

A、D：① CPU 的 I/O BUS
　　　② 地址寄存器和数据寄存器
　　　③ CPU 和主存
　　　④ 双机系统
　　　⑤ 主存与辅存

C：① 打印信息不丢失
　　② 主存和 CPU 速度匹配
　　③ 显示器的分辨率提高
　　④ 汉字功能增强

B、E：① 软件
　　　② 硬件
　　　③ 操作系统和硬件
　　　④ 固件
　　　⑤ BIOS
　　　⑥ 操作系统

答案填写处：

A	B	C	D	E

10.3 有一个页式虚拟存储器，采用全相联映像，页表如表 10.5 所示。回答如下问题。

(1) 逻辑地址 00101011B 和 01110110B 对应的单元是否在主存中？若在，求出对应的物理地址。

(2) 主存容量有多少个单元？

表 10.5 页表

逻辑页号	装入位	物理页号
000	1	11
001	0	00
010	0	01
011	1	10
100	1	00
101	0	11
110	1	01
111	0	10

10.4 设主存量为 512KB，cache 容量为 2KB，每块为 16 字节。回答下列问题。

（1）cache 含多少块？

（2）主存有多少块？

（3）采用直接映像方式，主存的第 132 块映像到 cache 的哪个槽？

（4）cache 地址占多少位？

（5）主存的地址有几位，分哪几个段，每段多少位？

10.5 主存和 cache 分别有 4K 和 64 个存储块，每块由 128 个字节组成，若采用 2 路组相联映像，回答如下问题。

（1）主存地址和 cache 地址各多少位？

（2）主存地址中标记、组和字 3 个字段各占多少位？

10.6 某页式虚拟存储器共 8 页，每页 1KB，主存容量为 4KB，页表如表 10.6 所示。回答以下两个问题。

表 10.6 页表

虚页	0	1	2	3	4	5	6	7
实页	3	2	1	2	3	1	0	0
装入位	1	1	0	0	1	0	1	0

（1）失效的虚页是哪几页？

（2）虚地址 0,3028,1023,2048,4096,8000 的实地址分别是多少？

第 11 章　互连函数及互连代数

本讲介绍并行处理机、多处理器系统中的互连网络的结点连接所映射出的函数及其代数运算。

11.1　互连网络的概念

1. 互连网络定义

互连网络(inter-connection network,ICN)是指多处理机系统或多计算机系统中连接处理机或处理单元,以及处理机或处理单元与存储模块、I/O 模块之间的通信网络,如图 11.1 所示。

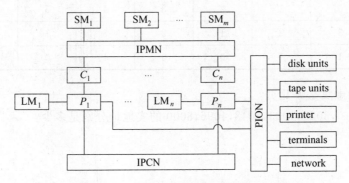

图 11.1　多处理机系统中的互连网络

图 11.1 中,

P_i 表示 i 号处理机(processor);

C_i 表示 i 号高速缓冲存储器;

LM_i 表示本地存储器;

SM_i 表示共享存储器;

disk units 为磁盘存储器;

tape units 为磁带存储器;

printer 为打印机;

terminals 为终端设备;

network 为网络;

IPCN(inter-processor communication network)为处理机间的互连网络;

IPMN(inter-processor memory network)为处理机与存储器之间的互连网络;

PION(processor I/O network)为处理机与 I/O 设备之间的互连网络。

2. 互连网络的连接映射

互连网络在结点之间提供内部连线,把对应的结点连接起来。这种相互连接的结点的对应关系,就是一种映射。在这里,把发送数据的结点称做源结点,而把接收数据的结点称做目标结点,于是,映射就是目标结点与源结点的对应关系。常见的连接映射可分为置换连接和综合连接。

(1) 置换连接(permutation connection) 置换连接是指一对一的映射,如图11.2(a)所示。利用排列组合可以算出,对于 n 个源结点,m 个目标结点,可有 $C_n^m \cdot m!$ 种置换连接映射,即

$$C_n^m \cdot m! = \frac{n!}{m!(n-m)!} \cdot m! = \frac{n!}{(n-m)!} \tag{11.1}$$

对于式(11.1),根据 m 和 n 的大小,会出现如下3种情况。

① 当 $1 \leqslant m < n$ 时, $\qquad \dfrac{n!}{(n-m)!} = P_n^m$

② 当 $1 \leqslant n < m$ 时, $\qquad \dfrac{n!}{(n-m)!} = P_m^m$

③ 当 $m = n$ 时, $\qquad \dfrac{n!}{(n-m)!} = n! = m!$

如图11.2(a)所示的是 $m = n$ 的情况,即 $m = n = 3$,故有 $m! = n! = 6$ 种连接方式。

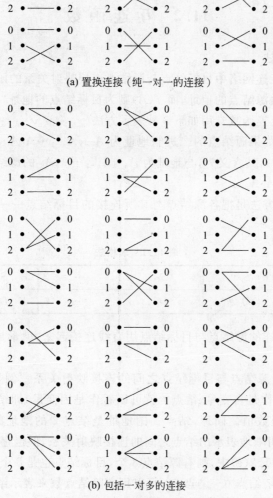

(a) 置换连接(纯一对一的连接)

(b) 包括一对多的连接

图11.2 结点间连接映射的合法状态

（2）综合连接　综合连接是指既允许一对一的连接，又允许一对多的连接的连接方式，故叫综合连接，如图 11.2(a)和图 11.2(b)所示。

综合连接包括一对多连接；但不允许多对一连接，原因是多对一连接，会产生数据传输冲突。从这个角度看，综合连接是合法状态(legitimate states)。对于 n 个源结点，m 个目标结点的连接，其合法状态为 n^m 个，说明如下。

根据合法状态的定义，每个目标结点只能与一个源结点相连，并且不同的目标结点可以与同一个源结点相连，因此，对于 n 个源结点，m 个目标结点的连接，每个目标结点可以与 n 个源结点的每一个相连，即 n 选 1。所以，对于每个目标结点，均有 C_n^1 种连接。那么，m 个目标结点，就有 m 个 C_n^1，故共有合法状态的个数为

$$\overbrace{C_n^1 C_n^1 \cdots C_n^1}^{m\uparrow} = \overbrace{n \cdots n}^{m\uparrow} = n^m \tag{11.2}$$

在图 11.2 中，$n = m = 3$，即源结点与目标结点数目相同，其中置换连接有 6 种（如图 11.2(a)所示），还有一对多连接的有 21 种（如图 11.2(b)所示），它们都是合法连接，共有 27 种。这个数目符合式(11.2)。

11.2　互 连 函 数

1. 定义和表示方法

（1）定义　表示互连网络中目标结点与源结点连接映射关系的函数，称为互连函数，记作 $f(A)$。其中 A 代表源结点的地址，而 $f(A)$ 则为目标结点的地址。

（2）表示方法　互连函数常用如下 3 种表示方法。

① 函数表示法　如果源结点的二进制地址为 $A_{n-1}A_{n-2}\cdots A_1 A_0$，则互连函数可以表示为 $f(A_{n-1}A_{n-2}\cdots A_1 A_0)$，其含义为，与地址为 $A_{n-1}A_{n-2}\cdots A_1 A_0$ 的源结点相连的目标结点的地址为 $f(A_{n-1}A_{n-2}\cdots A_1 A_0)$。

② 表格法　这种方法是把各源结点与其所连接的目标结点一一对应地用表格表示出来，如表 11.1 所示。

表 11.1　表格法

源结点	S_0	S_1	$\cdots$	S_{n-2}	S_{n-1}
目标结点	D_0	D_1	$\cdots$	D_{n-2}	D_{n-1}

③ 连线法　把相连的源结点与目标结点用直线连接起来，就形成了连线法，如图 11.3 所示。

图 11.3(a)表明了源结点与目标结点之间的连接映射关系。例如，源结点 1 与目标结点 4 相连，把结点 1 看作是自变量，结点 4 就可以看作是因变量，即结点 4 的地址就是结点 1 的地址的连接映射函数值。同理，结点 1 的地址是结点 2 的地址的连接映射函数值，等等。这种表示方法能明晰地表示出结点之间的连接映射关系，但也存在着不足之处，即就是容易引起误解。即图 11.3(a)中，画有源结点 8 个，目标结点也是 8 个，似乎共有结点 16 个。实际上，就有 8 个结点：结点 0～结点 7。可以用实际结点数来表示结点之间的连接映射关系，如图 11.3(b)所示。尽管如此，人们还是喜欢使用图 11.3(a)，本书亦然。

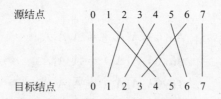

源结点　　0 1 2 3 4 5 6 7

目标结点　0 1 2 3 4 5 6 7

(a) 表明目标结点与源结点的表示法

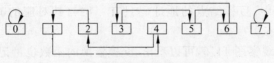

(b) 用实际结点数的表示法

图 11.3　互连函数的连线表示法

2. 基本互连函数

这里介绍互连网络中常用的置换连接及其函数表示。

(1) 恒等置换(constant permutation)　它是指地址编号相同的源结点与目标结点一一对应连接的置换连接,如图 11.4 所示,其函数表达式为:

$$I(A_{n-1}A_{n-2}\cdots A_1A_0) = A_{n-1}A_{n-2}\cdots A_1A_0 \qquad (11.3)$$

因为这种置换连接的目标结点的地址就等于源结点的地址,故称为恒等置换连接。实际上就是,同一个结点既是源又是目标。

从图 11.4 可以看出,目标结点的次序与源结点的次序完全相同,于是,可以把源结点集或目标结点集看作是一个置换元,如图中虚线框所示。正因为如此,恒等置换也叫单元置换。

(2) 交换置换(exchange permutation)　它是指源结点与目标结点互换位置连接的映射,如图 11.5 所示。

图 11.4　恒等置换

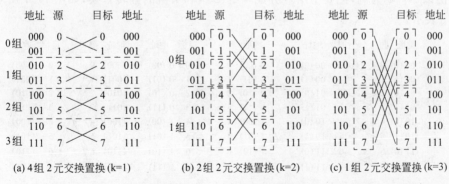

(a) 4组2元交换置换(k=1)　　(b) 2组2元交换置换(k=2)　　(c) 1组2元交换置换(k=3)

图 11.5　$N=8$ 的交换置换

从图 11.5 可以看出,交换置换是把 N 个结点分成 $N/2^k$ 个组,每组含有 2^k 个结点;不管组内所含结点是多是少,均为两个置换元,每个置换元均含有 2^{k-1} 个结点;源与目标的两个置换元交叉连接,故把该映射称为交换置换。

分析图 11.5 的源结点地址码和目标结点地址码,不难看出,图 11.5(a)～图 11.5(c)所对应的置换映射分别是：

$$\varepsilon_{(1)}(A_2 A_1 A_0) = A_2 A_1 \overline{A}_0 \tag{11.4a1}$$

$$\varepsilon_{(2)}(A_2 A_1 A_0) = A_2 \overline{A}_1 A_0 \tag{11.4a2}$$

$$\varepsilon_{(3)}(A_2 A_1 A_0) = \overline{A}_2 A_1 A_0 \tag{11.4a3}$$

综合上述 $N=8$ 的 3 种交换置换映射，可以得出交换置换的一般函数表达式为：

$$\varepsilon_{(k)}(A_{n-1} A_{n-2} \cdots A_k A_{k-1} \cdots A_1 A_0) = A_{n-1} A_{n-2} \cdots A_k \overline{A}_{k-1} \cdots A_1 A_0 \tag{11.4a}$$

可见，在交换置换中，目标结点的地址码只有一位与其对应的源结点地址码互补（不同）。

分析式(11.4a)和观察图 11.5，可以看出，交换置换的函数也可记作：

$$\varepsilon_{(k)}(A) = \left[\frac{A}{2^k}\right] \cdot 2^k + \left|\left|A\right|_2^k + 2^{k-1}\right|_2^k \tag{11.4b}$$

式中，A 为源结点地址码；

$[\ ]$ 为取整运算符，$\left[\dfrac{A}{2^k}\right] \cdot 2^k$ 是目标结点地址码高 $n-k$ 位的值，等于源结点高 $n-k$ 位的值；

$|A|_2^k$ 表示取二进制地址码的低 k 位，$\left|\left|A\right|_2^k + 2^{k-1}\right|_2^k$ 是目标结点低 k 位的值，等于源结点低 k 位的最高位加 1 后取 k 位。

（3）翻转置换（flip permutation） 这是一种地址码最小结点与地址码最大结点相连，地址码次最小结点与地址码次最大结点相连，依次类推，所形成的置换连接，称为翻转置换。有全翻转、子翻转和超翻转 3 种置换连接。

① 全翻转置换 全翻转置换是指 N 个结点全部进行的翻转置换连接，如图 11.6 所示，其函数表达式为

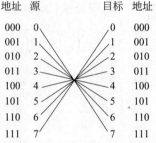

图 11.6　$N=8$ 的全翻转置换

$$f(A_{n-1} A_{n-2} \cdots A_1 A_0) = \overline{A}_{n-1} \overline{A}_{n-2} \cdots \overline{A}_1 \overline{A}_0 \tag{11.4c}$$

② 子翻转置换 子翻转置换是把结点分成若干组，组内进行翻转置换，所形成的置换连接。仍以 $N=8$ 为例，把 8 个结点分成 4 组、2 组和 1 组的翻转置换，如图 11.7 所示，其函数用 $f_{(k)}$ 表示。

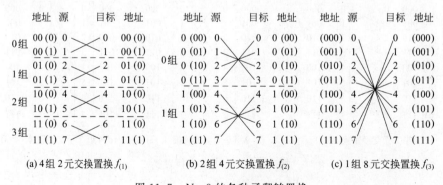

(a) 4 组 2 元交换置换 $f_{(1)}$ 　　(b) 2 组 4 元交换置换 $f_{(2)}$ 　　(c) 1 组 8 元交换置换 $f_{(3)}$

图 11.7　$N=8$ 的各种子翻转置换

分析图 11.7 可以看出，其中图 11.7(a)、图 11.7(b)和图 11.7(c)分别是 4 组 2 元交换置换、2 组 4 元交换置换和 1 组 8 元交换置换（即全翻转置换），它们的函数表达式分别为：

$$f_{(1)}(A_2 A_1 A_0) = A_2 A_1 \overline{A}_0 = \varepsilon_{(1)}(A_2 A_1 A_0) \tag{11.5a1}$$

$$f_{(2)}(A_2A_1A_0) = A_2\overline{A_1}\overline{A_0} \tag{11.5a2}$$

$$f_{(3)}(A_2A_1A_0) = \overline{A_2}\overline{A_1}\overline{A_0} = f(A_2A_1A_0) \tag{11.5a3}$$

式中出现的下标(k)表示子置换,即分组翻转置换,其组数为$N/2^k$个,每组有2^k个结点。为便于分析,图 11.7 中,用括号把结点的地址码分成两部分,其中括号外地址字段代表组号,括号内地址字段为组内结点号。

综合上述 3 式,不难看出,子翻转置换的一般函数表达式为:

$$f_{(k)}(A_{n-1}A_{n-2}\cdots A_kA_{k-1}\cdots A_1A_0) = A_{n-1}A_{n-2}\cdots A_k\overline{A_{k-1}}\cdots\overline{A_1}\overline{A_0} \tag{11.5b}$$

③ 超翻转置换　子翻转置换是把源结点二进制地址码的低k位取反,作为目标结点地址码的置换连接映射;相反,把源结点二进制地址码的高k位取反,作为目标结点地址码的置换连接,叫做超翻转置换,如图 11.8 所示。

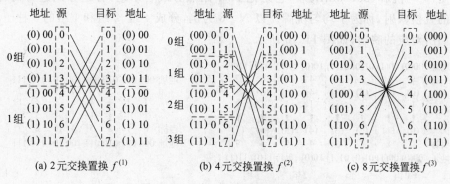

(a) 2 元交换置换 $f^{(1)}$　　　　(b) 4 元交换置换 $f^{(2)}$　　　　(c) 8 元交换置换 $f^{(3)}$

图 11.8　$N=8$ 的各种超翻转置换

图 11.8 中,括号内的地址字段为置换元号,而括号外的地址字段为置换元内的结点号。超翻转置换就是按置换元的地址码所进行的翻转置换映射。

分析图 11.8 可以看出,超翻转置换是以 $N/2^k$ 个结点为一个置换单元的交换置换,图 11.8(a)、图 11.8(b)和图 11.8(c)分别是 2 元、4 元和 8 元交换置换,它们所对应的函数表达式分别为:

$$f^{(1)}(A_2A_1A_0) = \overline{A_2}A_1A_0 = \varepsilon_{(3)}(A_2A_1A_0) \tag{11.5c1}$$

$$f^{(2)}(A_2A_1A_0) = \overline{A_2}\overline{A_1}A_0 \tag{11.5c2}$$

$$f^{(3)}(A_2A_1A_0) = \overline{A_2}\overline{A_1}\overline{A_0} = f(A_2A_1A_0) \tag{11.5c3}$$

从以上公式,不难分析出,超翻转置换的一般函数表达式为:

$$f^{(k)}(A_{n-1}A_{n-2}\cdots A_{n-k}A_{n-k-1}\cdots A_0) = \overline{A_{n-1}}\overline{A_{n-2}}\cdots\overline{A_{n-k}}A_{n-k-1}\cdots A_0 \tag{11.5c}$$

(4) 均匀洗牌(shuffle permutation)　均匀洗牌也有全均匀洗牌、子均匀洗牌和超均匀洗牌 3 种置换连接。

① 全均匀洗牌(perfect shuffle permutation)　它是将 N 个结点(源结点)分成数目相等的两组,第 2 组按序一个一个地顺序插入到第 1 组对应结点的后面,重新排序,所得结果作为目标结点的置换连接,如图 11.9 所示。

分析图 11.9 的源与目标的地址码,可得出 $N=8$ 时全均匀洗牌的函数表达式为:

$$\sigma(A_2A_1A_0) = A_1A_0A_2$$

由此可得出,全均匀洗牌的一般函数表达式为:

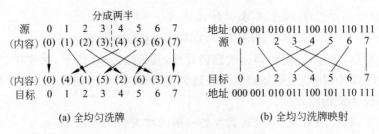

(a) 全均匀洗牌　　　　　　　　　　(b) 全均匀洗牌映射

图 11.9　$N=8$ 的全均匀洗牌

$$\sigma(A_{n-1}A_{n-2}\cdots A_1 A_0) = A_{n-2}A_{n-3}\cdots A_1 A_0 A_{n-1} \tag{11.6a}$$

即将源结点的地址码循环左移一位,便可得到全均匀洗牌所映射的目标结点的地址码。

② 子均匀洗牌(subshuffle)　它是把 N 个结点分成若干组,各组分别进行均匀洗牌,所形成的置换映射,称为子均匀洗牌。以 $N=8$ 为例,分成 4 组、2 组和 1 组的 3 种子均匀洗牌和它们所对应的映射,如图 11.10 所示。

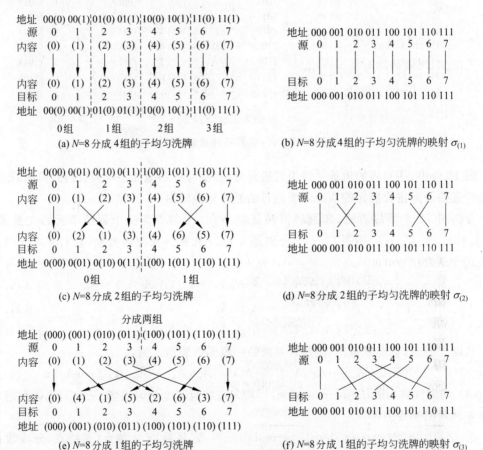

(a) $N=8$ 分成 4 组的子均匀洗牌　　　(b) $N=8$ 分成 4 组的子均匀洗牌的映射 $\sigma_{(1)}$

(c) $N=8$ 分成 2 组的子均匀洗牌　　　(d) $N=8$ 分成 2 组的子均匀洗牌的映射 $\sigma_{(2)}$

(e) $N=8$ 分成 1 组的子均匀洗牌　　　(f) $N=8$ 分成 1 组的子均匀洗牌的映射 $\sigma_{(3)}$

图 11.10　$N=8$ 的各种子均匀洗牌及其映射

图 11.10 中,括号外地址字段表示组号,而括号内地址字段为组内的结点号。子均匀洗牌就是根据括号内地址字段所进行的均匀洗牌。

分析图 11.10 可以看出,对于把 N 个结点分成 $N/2^k$ 个组,每组含有 2^k 个结点的子均匀洗牌,只要把源结点二进制地址码低 k 位,循环右移一位,即得目标结点二进制地址码。

由此可得出,子均匀洗牌的一般函数表达式为:

$$\sigma_{(k)}(A_{n-1}A_{n-2}\cdots A_kA_{k-1}A_{k-2}\cdots A_1A_0) = A_{n-1}A_{n-2}\cdots A_kA_{k-2}\cdots A_1A_0A_{k-1} \qquad (11.6b)$$

该函数表达式具体到图 11.10(a)、图 11.10(c) 和图 11.10(e) 所表示的子洗牌的连接映射 $\sigma_{(1)}$、$\sigma_{(2)}$ 和 $\sigma_{(3)}$,它们的函数表达式分别为:

$$\sigma_{(1)}(A_2A_1A_0) = A_2A_1A_0 \qquad (11.6b1)$$

$$\sigma_{(2)}(A_2A_1A_0) = A_2A_0A_1 \qquad (11.6b2)$$

$$\sigma_{(3)}(A_2A_1A_0) = A_1A_0A_2 \qquad (11.6b3)$$

由式(11.6b1)可得:

$$\sigma_{(1)}(A) = I(A) \qquad (11.6b4)$$

该式表明,每小组含有两个结点的子均匀洗牌就是恒等置换。

由式(11.6b3)可得:

$$\sigma_{(\mathrm{lb}N)}(A) = \sigma(A) \qquad (11.6b5)$$

该式表明,全部结点划为一组的子均匀洗牌就是全均匀洗牌。

③ 超均匀洗牌(supershuffle)　把 N 个结点分成若干小组,一个小组作为一个置换元的均匀洗牌,叫做超均匀洗牌。以 $N=8$ 为例,分成 2 个、4 个和 8 个置换元的超均匀洗牌及其置换映射,如图 11.11 所示。

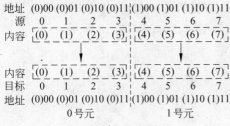

(a) 2 元超均匀洗牌

(a') 2 元超均匀洗牌映射 $\sigma^{(1)}$

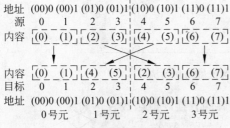

(b) 4 元超均匀洗牌

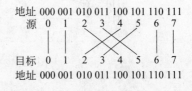

(b') 4 元超均匀洗牌的映射 $\sigma^{(2)}$

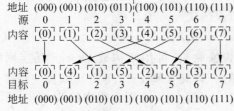

(c) 8 元超均匀洗牌

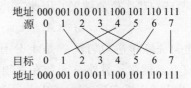

(c') 8 元超均匀洗牌的映射 $\sigma^{(3)}$

图 11.11　$N=8$ 的各种超均匀洗牌及其置换映射

图 11.11 中,括号内的地址字段为置换元号,而括号外的地址字段为置换元内的结点号。超均匀洗牌就是把 N 个结点分成 2^k 个置换元,每个置换元内含有 $N/2^k$ 个结点,按置换元所进行的均匀洗牌。它的一般函数表达式为:

$$\sigma^{(k)}(A_{n-1}A_{n-2}\cdots A_{n-k}A_{n-k-1}\cdots A_0) = A_{n-2}\cdots A_{n-k}A_{n-1}A_{n-k-1}\cdots A_0 \tag{11.6c}$$

式(11.6c)表明,超均匀洗牌的置换映射 $\sigma^{(k)}$ 的值,即目标结点的地址码等于该目标结点所连接的源结点的二进制地址码的高 k 位,循环左移一位的结果。

该函数表达式具体到图 11.11(a)、图 11.11(b)和图 11.11(c)所示的超洗牌的置换映射 $\sigma^{(1)}$、$\sigma^{(2)}$ 和 $\sigma^{(3)}$,它们的函数表达式分别为:

$$\sigma^{(1)}(A_2A_1A_0) = A_2A_1A_0 \tag{11.6c1}$$

$$\sigma^{(2)}(A_2A_1A_0) = A_1A_2A_0 \tag{11.6c2}$$

$$\sigma^{(3)}(A_2A_1A_0) = A_1A_0A_2 \tag{11.6c3}$$

由式(11.6c1)可得:

$$\sigma^{(1)}(A) = I(A) \tag{11.6c4}$$

式(11.6c4)表明,两个置换元的超均匀洗牌就是恒等置换。

由式(11.6c3)可得:

$$\sigma^{(\text{lb}N)}(A) = \sigma(A) \tag{11.6c5}$$

式(11.6c3)表明,以每个结点为一个置换元的超均匀洗牌就是全均匀洗牌。

④ 逆均匀洗牌 它是均匀洗牌的逆映射,与均匀洗牌相比,正好是源结点与目标结点互换位置的置换连接,用 σ^{-1} 表示。σ^{-1} 与 σ 的映射对比,如图 11.12 所示。

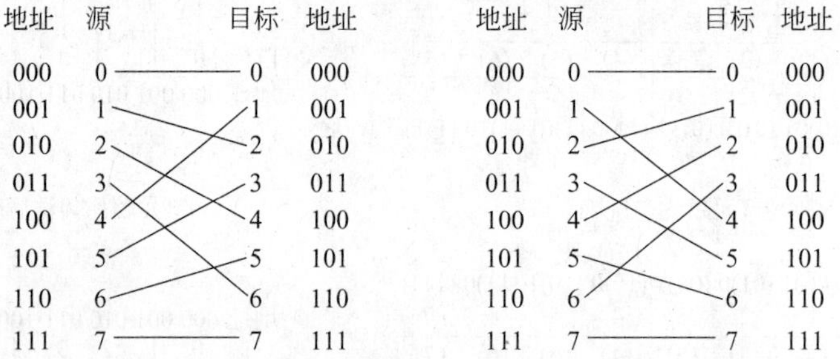

图 11.12 逆均匀洗牌与均匀洗牌

从图 11.12 可以看出,$N=8$ 的逆均匀洗牌的置换映射函数表达式为:

$$\sigma^{-1}(A_2A_1A_0) = A_0A_2A_1$$

可见,逆均匀洗牌 σ^{-1} 的值,即目标结点的地址码等于目标结点所连接的源结点的二进制地址码,循环右移一位的结果。因此,σ^{-1} 的一般表达式为:

$$\sigma^{-1}(A_{n-1}A_{n-2}\cdots A_1A_0) = A_0A_{n-1}A_{n-2}\cdots A_1 \tag{11.6d}$$

均匀洗牌和逆均匀洗牌是十分有用的置换映射,可用来构成 Omega 互连网络和逆 Omega 互连网络。另外,σ 函数在多项式求值、矩阵转换和 FFT 等运算以及并行排序等方面,都得到了广泛应用。

(5) 反序置换 这种连接映射是把源结点的二进制地址码的位序颠倒后,作为目标结点的地址码,也有全反序、子反序和超反序这 3 种置换连接。

① 全反序置换映射　根据定义，其函数表达式为：

$$\rho(A_{n-1}A_{n-2}\cdots A_1A_0)=A_0A_1\cdots A_{n-2}A_{n-1} \quad (11.7a)$$

其置换映射如图 11.13 所示。

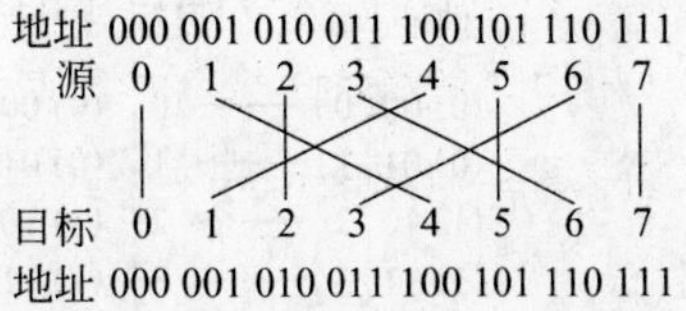

地址 000 001 010 011 100 101 110 111
源 0 1 2 3 4 5 6 7
目标 0 1 2 3 4 5 6 7
地址 000 001 010 011 100 101 110 111

图 11.13　$N=8$ 的全反序置换映射

② 子反序置换　子反序置换是指结点的二进制地址码的低 k 位反序置换的映射，其函数表达式为：

$$\rho_{(k)}(A_{n-1}\cdots A_kA_{k-1}\cdots A_1A_0)=A_{n-1}\cdots A_kA_0A_1\cdots A_{k-1} \quad (11.7b)$$

$N=8$ 的各种子反序置换映射，如图 11.14 所示。

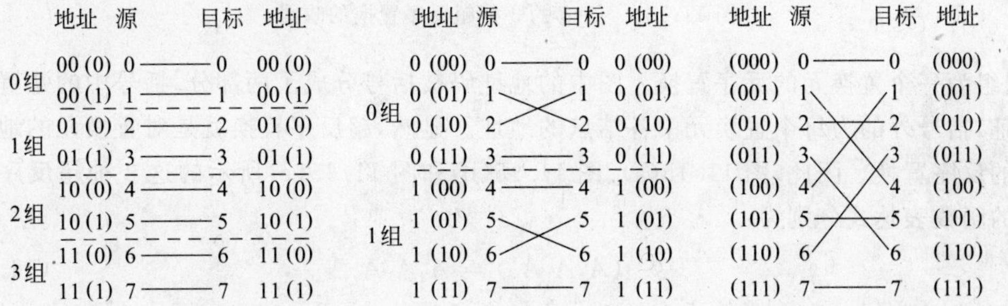

地址 源 目标 地址
0组
00 (0) 0 0 00 (0)
00 (1) 1 1 00 (1)
1组
01 (0) 2 2 01 (0)
01 (1) 3 3 01 (1)
2组
10 (0) 4 4 10 (0)
10 (1) 5 5 10 (1)
3组
11 (0) 6 6 11 (0)
11 (1) 7 7 11 (1)
地址 源 目标 地址
0组
0 (00) 0 0 0 (00)
0 (01) 1 1 0 (01)
0 (10) 2 2 0 (10)
0 (11) 3 3 0 (11)
1组
1 (00) 4 4 1 (00)
1 (01) 5 5 1 (01)
1 (10) 6 6 1 (10)
1 (11) 7 7 1 (11)
地址 源 目标 地址
(000) 0 0 (000)
(001) 1 1 (001)
(010) 2 2 (010)
(011) 3 3 (011)
(100) 4 4 (100)
(101) 5 5 (101)
(110) 6 6 (110)
(111) 7 7 (111)

(a) 4组 2元反序置换映射 $\rho_{(1)}$　(b) 2组 4元反序置换映射 $\rho_{(2)}$　(c) 1组 8元反序置换映射 $\rho_{(3)}$

图 11.14　$N=8$ 的 3 种子反序置换映射

从图 11.14 不难看出，子反序置换是把 N 个结点分成 $N/2^k$ 个组，各组对 2^k 个结点按它们在组内的二进制序号进行反序置换映射。图中，括号外的地址字段代表组号，而括号内的地址字段为结点在组内的序号。子反序置换就是按括号内的地址码所进行的反序置换映射。

图 11.14(a)、图 11.14(b)和图 11.14(c)这 3 种子反序置换映射分别为 $\rho_{(1)}$、$\rho_{(2)}$ 和 $\rho_{(3)}$，它们的函数表达式分别是：

$$\rho_{(1)}(A_2A_1A_0)=A_2A_1A_0 \quad (11.7b1)$$

$$\rho_{(2)}(A_2A_1A_0)=A_2A_0A_1 \quad (11.7b2)$$

$$\rho_{(3)}(A_2A_1A_0)=A_0A_1A_2 \quad (11.7b3)$$

由式(11.7b1)可得

$$\rho_{(1)}(A)=I(A) \quad (11.7b4)$$

该式表明，每组为 2 元的子反序置换映射就是恒等置换。

由式(11.7b3)可得

$$\rho_{(\text{lb}N)}(A)=\rho(A) \quad (11.7b5)$$

该式表明，把 N 个结点分为一组的 N 元子反序置换映射就是全反序置换映射。

③ 超反序置换　超反序置换是指结点的二进制地址码高 k 位反序的置换，其映射函数的表达式为：

$$\rho^{(k)}(A_{n-1}\cdots A_{n-k+1}A_{n-k}A_{n-k-1}\cdots A_1A_0)=A_{n-k}A_{n-k+1}\cdots A_{n-1}A_{n-k-1}\cdots A_1A_0 \quad (11.7c)$$

$N=8$ 的超反序置换映射如图 11.15 所示。

分析图 11.15，不难看出，超反序置换是把 N 个结点分成 2^k 个组，每组含有 $N/2^k$ 个结

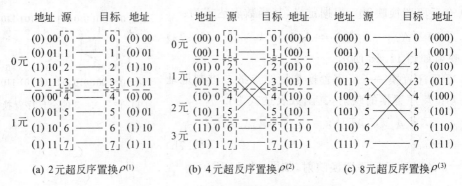

(a) 2元超反序置换$\rho^{(1)}$ (b) 4元超反序置换$\rho^{(2)}$ (c) 8元超反序置换$\rho^{(3)}$

图 11.15 $N=8$ 的 3 种超反序置换的映射

点,以组为一个置换元的反序置换。图中的地址码被括号分成了两部分,括号中的是置换元的地址,括号外的为每个置换元中各结点的地址。显然,超反序置换就是对置换元的地址所进行的反序置换。因此,图 11.15(a)、图 11.15(b)和图 11.15(c)所示的这 3 种超反序置换映射的函数表达式分别为:

$$\rho^{(1)}(A_2A_1A_0) = A_2A_1A_0 \tag{11.7c1}$$

$$\rho^{(2)}(A_2A_1A_0) = A_1A_2A_0 \tag{11.7c2}$$

$$\rho^{(3)}(A_2A_1A_0) = A_0A_1A_2 \tag{11.7c3}$$

由式(11.7c1)可得

$$\rho^{(1)}(A) = I(A) \tag{11.7c4}$$

该式表明,2 元超反序置换就是恒等置换。

由式(11.7c3)可得

$$\rho^{(\text{lb}N)}(A) = \rho(A) \tag{11.7c5}$$

该式表明,N 元超反序置换就是全反序置换。

总之,全反序置换映射 ρ 其目标结点的地址是连接的源结点地址的完全倒置;子反序置换映射 $\rho_{(k)}$ 的目标结点的地址是所连接的源结点地址最低 k 位的倒置;超反序置换映射 $\rho^{(k)}$ 的目标结点的地址是所连接的源结点地址最高 k 位的倒置。

实现 FFT 时,最后一步要对结果整序,即把结果的二进制按位反转顺序,重新排列,以便得到最后的变换值,即为反序置换。

(6) 蝶式置换   这种置换以源结点与目标结点连接的对称性,酷似蝴蝶而得名。也有全蝶式、子蝶式和超蝶式这 3 种置换。

① 全蝶式置换   全蝶式置换的目标地址码是由源结点地址码首尾置换得来的,如图 11.16 所示,其函数表达式为:

$$\beta(A_{n-1}A_{n-2}\cdots A_1A_0) = A_0A_{n-2}\cdots A_1A_{n-1} \tag{11.8a}$$

② 子蝶式置换   子蝶式置换是指地址码低 k 位进行蝶式置换的映射,其函数表达式为:

$$\beta_{(k)}(A_{n-1}\cdots A_kA_{k-1}\cdots A_1A_0) = A_{n-1}\cdots A_kA_0\cdots A_1A_{k-1} \tag{11.8b}$$

$N=8$ 的子蝶式置换映射,如图 11.17 所示。

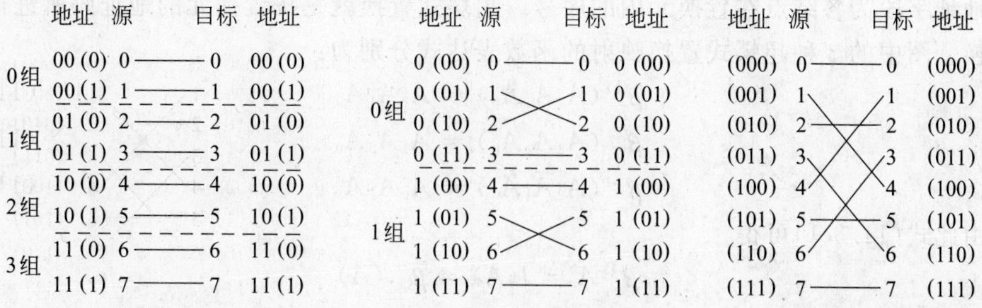

(a) 4 组 2 元蝶式置换 $\beta_{(1)}$　　(b) 2 组 4 元蝶式置换 $\beta_{(2)}$　　(c) 1 组 8 元蝶式置换 $\beta_{(3)}$

图 11.17　$N=8$ 的 3 种子蝶式置换映射

从图 11.17 可以看出,子蝶式置换是把 N 个结点分成 $N/2^k$ 个组,各组的 2^k 个结点按它们在组内的二进制码进行蝶式置换的映射。图中,括号外的地址字段代表组号,括号内的地址字段为结点在组内的序号。子蝶式置换就是按括号内的地址码所进行的蝶式置换。图 11.17(a)、图 11.17(b) 和图 11.17(c) 这 3 种子蝶式置换映射的函数表达式分别为:

$$\beta_{(1)}(A_2A_1A_0) = A_2A_1A_0 \tag{11.8b1}$$

$$\beta_{(2)}(A_2A_1A_0) = A_2A_0A_1 \tag{11.8b2}$$

$$\beta_{(3)}(A_2A_1A_0) = A_0A_1A_2 \tag{11.8b3}$$

由式(11.8b1)可得

$$\beta_{(1)}(A) = I(A) \tag{11.8b4}$$

该式表明,$k=1$ 时,即 $N/2$ 组 2 元子蝶式置换就是恒等置换。

由式(11.8b3)可得

$$\beta_{(\mathrm{lb}N)}(A) = \beta(A) \tag{11.8b5}$$

该式表明,$k=\mathrm{lb}N$ 时,即 1 组 N 元子蝶式置换就是全蝶式置换。

③.超蝶式置换　超蝶式置换是指地址码高 k 位进行蝶式置换的映射,其函数表达式为:

$$\beta^{(k)}(A_{n-1}A_{n-2}\cdots A_{n-k+1}A_{n-k}A_{n-k-1}\cdots A_0) = A_{n-k}A_{n-2}\cdots A_{n-k+1}A_{n-1}\cdots A_0 \tag{11.8c}$$

$N=8$ 的超蝶式置换映射,如图 11.18 所示。

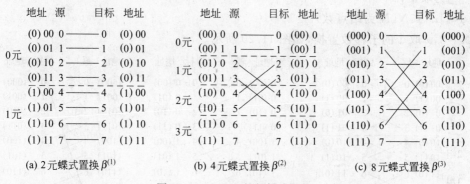

(a) 2 元蝶式置换 $\beta^{(1)}$　　(b) 4 元蝶式置换 $\beta^{(2)}$　　(c) 8 元蝶式置换 $\beta^{(3)}$

图 11.18　$N=8$ 的超蝶式置换

从图 11.18 也不难分析出,超蝶式置换就是把 N 个结点分成 2^k 个组,每组含有 $N/2^k$ 个结点,以组为一个置换元的蝶式置换。图中,括号内的地址字段表示置换元的地址,括号外的地址字段为各结点在置换元内的序号。超蝶式置换就是按置换元的地址码所进行的蝶式置换。图中的3种超蝶式置换映射的函数表达式分别为：

$$\beta^{(1)}(A_2A_1A_0) = A_2A_1A_0 \tag{11.8c1}$$

$$\beta^{(2)}(A_2A_1A_0) = A_1A_2A_0 \tag{11.8c2}$$

$$\beta^{(3)}(A_2A_1A_0) = A_0A_1A_2 \tag{11.8c3}$$

由此式(11.8c1)可得

$$\beta^{(1)}A = I(A) = \beta_{(1)}(A)$$

该式表明 $k=1$ 时，即 $\dfrac{N}{2}$ 组 2 元超蝶式置换也是恒等置换，与 $\beta_{(1)}$ 相同。

由式(11.8c3)可得

$$\beta^{(\mathrm{lb}N)}(A) = \beta(A)$$

该式表明 $k=\mathrm{lb}N$ 时，即一组 N 元超蝶式置换也是全蝶式置换。

(7) 移数置换　移数置换是将源结点的地址增加一个偏移量，作为相联的目标结点地址的置换，也有全移数、子移数和超移数这 3 种置换映射。

① 全移数置换　其函数表达式为：

$$\alpha(A) = (A+d) \bmod N = | A+d |_2^n \tag{11.9a}$$

式中，A 为源结点地址；

d 为偏移量，$1\leqslant|d|<N$，典型值为 1，常用值为 $2^i(i<\mathrm{lb}N)$；

N 为结点数；

$n=\mathrm{lb}N$；

$|A+d|_2^n$ 表示对 $A+d$ 进行二进制取 n 位。

$N=8$，d 取 1 的全移数置换，如图 11.19 所示。

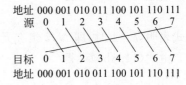

图 11.19　$N=8$，$d=1$ 的全移数置换

② 子移数置换　子移数置换是指地址码低 k 位进行移数置换的映射，其函数表达式为

$$\alpha_{(k)}(A) = [A/2^k]\cdot 2^k + (A+d)\bmod 2^k = [A/2^k]\cdot 2^k + | A+d |_2^k \tag{11.9b}$$

式中，A 为源结点地址；

$[\ ]$ 为取整；

$1\leqslant|d|<N$（N 为结点数）。

$N=8$，d 取 1 的子移数置换，如图 11.20 所示。

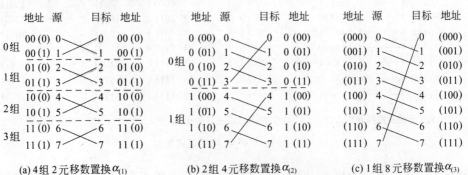

(a) 4组2元移数置换$\alpha_{(1)}$　　(b) 2组4元移数置换$\alpha_{(2)}$　　(c) 1组8元移数置换$\alpha_{(3)}$

图 11.20　$N=8$，$d=1$ 的子移数置换映射

从图 11.20 不难分析出,子移数置换是把 N 个结点分成 $N/2^k$ 个组,各组均按 2^k 个结点所进行的组内移数置换映射。图中,括号外的地址字段表示组号,括号内的地址字段为结点在组内的序号。子移数置换就是针对组内地址码的移数置换映射。

③ 超移数置换　超移数置换是指地址码高 k 位进行移数置换的映射,其函数表达式为:

$$\alpha^{(k)}(A) = (A + d \cdot 2^{n-k}) \bmod 2^n$$
$$= \mid A + d \cdot 2^{n-k} \mid_2^n \tag{11.9c}$$

$N=8, d$ 取 1 的超移数置换,如图 11.21 所示。

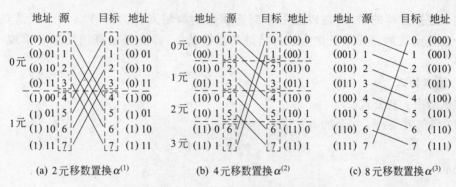

(a) 2元移数置换 $\alpha^{(1)}$　　　　(b) 4元移数置换 $\alpha^{(2)}$　　　　(c) 8元移数置换 $\alpha^{(3)}$

图 11.21　$N=8, d=1$ 的超移数置换映射

从图 11.21 可以看出,超移数置换是把 N 个结点分成 2^k 个 $(k=1\sim\mathrm{lb}N)$ 组,每组的 $N/2^k$ 个结点作为一个置换元,按置换元所进行的移数置换映射。图中,括号内的地址字段代表置换元号,括号外的地址字段为各结点在置换元内的序号。超移数置换就是按括号内的地址码所进行的移数置换映射。

11.3　互 连 代 数

互连代数是在研究置换连接中产生的,因此,也叫置换代数。它是研究互连函数及其之间关系的数学,即研究互连网络的一种数学分析方法。研究互连代数的意义在于,研究新的置换映射,利用已有的互连函数,分析或设计互连网络。

1. 运算单位

在互连代数中,恒等置换被看作是运算单位,就是前面提到的置换元。一般情况下,是一个结点作为一个置换元。

2. 基本运算

总的来看,互连代数的运算比较简单,它有如下运算。

(1) 置换映射　即互连函数。在第 11.2 节中,已介绍了 7 种互连函数,从中已经知道,有 4 种置换映射。

① 全置换映射　如 σ 表示全均匀洗牌。

② 子置换映射　如 $\sigma_{(k)}$ 表示子均匀洗牌。

③ 超置换映射　如 $\sigma^{(k)}$ 表示超均匀洗牌。

④ 逆置换映射　如 σ^{-1} 表示逆均匀洗牌。

(2) 连接操作　该操作有如下两种表示方法:

① 连乘写法　如 $\sigma\sigma^{-1}$，表示 $\sigma^{-1}(\sigma)$，即首先进行 σ 置换连接，然后其目标结点作为 σ^{-1} 的源结点，再进行 σ^{-1} 置换连接。

② 乘方写法　如 σ^k，表示 k 个 σ 置换映射连接在一起，即

$$\underbrace{\sigma\,\sigma\,\cdots\,\sigma}_{k\uparrow}$$

同样，σ^{-k} 表示的是 $(\sigma^{-1})^k$，即

$$\underbrace{\sigma^{-1}\,\sigma^{-1}\cdots\sigma^{-1}}_{k\uparrow}$$

整个连接运算的结果，是以第一个互连函数的源结点作为运算结果的源结点，以最后一个互连函数的目标结点作为运算结果的目标结点，即连接运算的结果是形成一个互连网络。

3. 基本公式

这里给出一些公式。

(1) 恒等置换式　主要的有如下 4 个。

$$\sigma_{(1)} = \sigma^{(1)} = I \tag{11.10a}$$

该式表示的是

$$\sigma_{(1)}(A) = \sigma^{(1)}(A) = I(A)$$

以下同。

$$\rho_{(1)} = \rho^{(1)} = I \tag{11.10b}$$

$$\beta_{(1)} = \beta^{(1)} = I \tag{11.10c}$$

以上 3 个公式已经介绍过。

$$\sigma\sigma^{-1} = \sigma^{-1}\sigma = I \tag{11.10d}$$

(2) 逆置换式。

$$\varepsilon_{(k)}^{-1} = \varepsilon_{(k)} \tag{11.11a}$$

$$\rho_{(k)}^{-1} = \rho_{(k)} \tag{11.11b}$$

$$\beta_{(k)}^{-1} = \beta_{(k)} \tag{11.11c}$$

$$\sigma_{(k)}^{-1} = \sigma_{(k)}^{k-1} \tag{11.11d}$$

$$\alpha_{(k)}^{-1} = \alpha_{(k)}^{k-1} \tag{11.11e}$$

(3) 子置换式。

$$\varepsilon_{(k)} = \sigma_{(k)}\alpha_{(1)}\sigma_{(k)}^{-1} \tag{11.12a}$$

$$\sigma_{(k)} = \beta_{(1)}\cdots\beta_{(k)} \tag{11.12b}$$

$$\rho_{(k)} = \sigma_{(1)}\cdots\sigma_{(k)} \tag{11.12c}$$

(4) 全置换式。

$$\beta^{(n)} = \beta_{(n)} = \beta \tag{11.13a}$$

$$\sigma^{(n)} = \sigma_{(n)} = \sigma \tag{11.13b}$$

(5) 超置换式。

$$\pi^{(k)} = \sigma^k \pi_{(k)} \sigma^{-k}$$

(11.13c)

说明,式(11.13)中的 π 函数,可理解为任意一个互连函数。

习　题

11.1　什么是连接映射?有几种?各是什么连接?请以 3 个源结点和 3 个目标结点的连接为例,举例说明。

11.2　什么是互连函数?有几种表示方法?并举例说明。

11.3　设编号分别为 0、1、…、15 的 16 个处理器,用单级互连网络连接。当互连函数分别是恒等置换 I、交换置换 ε、翻转置换 f、均匀洗牌 σ、反序置换 ρ、蝶式置换 β 和 $d=1$ 移数置换时,12 号处理器分别与哪一个处理器相连?

11.4　在并行处理机中,16 个处理器首先是 4 组 4 元交换,其次是 2 组 8 元交换,最后是 1 组 16 元交换。写出名级互连函数的一般表达式,并画出相应多级互连网的拓扑结构。

11.5　试证明下列等式。

(1) $\varepsilon_{(k)}^{-1} = \varepsilon_{(k)}$;

(2) $\varepsilon_{(k)} = \sigma_{(k)} \alpha_{(1)} \sigma_{(k)}^{-1}$;

(3) $\sigma^{(n)} = \sigma_{(n)} = \sigma$。

11.6　画出 $\varepsilon_{(1)} \varepsilon_{(2)} \varepsilon_{(3)}$ 的互连网络。

第12章 互连网络

上一章介绍了互连网络的概念及其数学分析方法——互连代数,本章将介绍互连网络的参数,以及各种互连网络的拓扑结构及其性能。

12.1 网络参数

1. 结构参数

网络的结构参数包括如下7个。

(1) 网络规模(network size) 网络规模是指网络中的结点数,用 N 表示,说明网络所能连接的部件的多少。

(2) 结点度(node degree) 结点度是指结点连接的边数,即链路或通道数,用 d 表示。在单向通道的情况下,分为入度(in degree)(指进入结点的通道数)和出度(out degree)(指从结点出来的通道数),结点度就是入度和出度之和。结点度反映了结点所需要的 I/O 端口数,也反映了结点的价格。为了降低结点价格,应尽量减少结点度。

(3) 结点距离(distance) 结点距离是指两结点间最短路径的连线条数,用 s 表示。

(4) 网络直径(diameter) 网络直径是指网络中任意两个结点之间距离的最大值,用 D 表示。从通信性能来看,D 越小越好。

(5) 等分宽度(channel bisection width) 等分宽度是指网络切成相等的两半,切口处的最小边数(通道数)就叫等分宽度,用 b 表示。假定一个边的宽度为 W 位,那么该网络的线等分宽度 $B=b \cdot W$ 位。可见,等分宽度是说明通信量的一个重要参数。

(6) 结点间的线长 它指两个结点间的连线长度,用 C 表示。

(7) 对称性 如果从任何结点来看,网络的拓扑结构都完全相同,就称该网络为对称网络。对称网络实现容易,编程也容易。

2. 传输性能参数

(1) 带宽(band width) 带宽是指互连网络传输信息的最大速率,用兆位每秒(Mbps)作为单位。

(2) 传输时间(transmisson time) 传输时间指消息通过网络的时间,等于消息长度除以频宽的商。

(3) 飞行时间(time of flight) 飞行时间指消息的第一位到达接收方所花费的时间,包括网络转发和硬件引起的时延。

(4) 传输时延(transport latency) 传输时延等于传输时间与飞行时间之和,是消息在互连网络上所花费的时间,不包括消息进入网络和到达目标结点后从网络接口硬件取出数据所花费的时间。

(5) 发送开销(sender overhead) 发送开销是指处理器把消息放到互连网络上的时间,包括软件和硬件花费的时间。

（6）接收开销（receiver overhead）　接收开销是指处理器把到达的消息从互连网络上取出的时间，也包括软件和硬件所花费的时间。

可见，一个消息通过网络传输的总时延为：

$$总时延＝发送开销＋飞行时间＋\frac{消息长度}{频宽}＋接收开销 \tag{12.1}$$

【例 12.1】　如果两台计算机相距 1500m，发送开销和接收开销分别为 $210\mu s$ 和 $250\mu s$，那么，通过频宽为 10Mbps 的网络，传送 2000B 的消息，所需的总时延是多少？

解　光速为 299792.5km/s，信号在半导体中的传送速度约为光速的一半，又根据题中所提供的参数，总时延为

$$总时延 ＝发送开销＋飞行时间＋\frac{消息长度}{频宽}＋接收开销$$

$$＝210 \times 10^{-6}＋\frac{1.5 \times 10^{3}}{0.5 \times 299792.5 \times 10^{3} \times 10^{-6}}＋\frac{2000 \times 8}{10 \times 10^{6}}＋250 \times 10^{-6} s$$

$$\approx 210＋10＋1600＋250\mu s ＝2070\mu s ＝2.07 \text{ ms}$$

12.2　静态连接网络

互连网络分静态连接的网络和动态连接的网络两种。所谓静态连接的网络（static comection network）是指各结点的连接是固定不变的网络。下面按拓扑结构介绍。

1. 线性结构

（1）拓扑结构　如图 12.1 所示。

（2）结构参数。

① $d＝2/1$（内部结点/端结点）。

② $D＝N－1$。

③ $b＝1$。

（3）特点　主要表现在非对称性上。

（4）应用　当 N 较小时，应用比较经济。

图 12.1　线性网络（$N＝\delta$）

2. 环状网络

（1）环状网络（ring network）

① 拓扑结构　如图 12.2(a)所示。

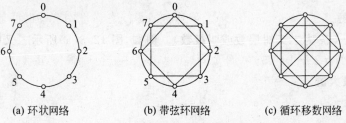

(a) 环状网络　　　(b) 带弦环网络　　　(c) 循环移数网络

图 12.2　规模为 8 的环状网络

② 结构参数。

· $d＝2$（常数）。

- $D=N/2$（双向）$=N-1$（单向）。
- $b=2$。

③ 特点　具有对称性。

④ 应用　1985 年研制成功的 CDC Cyberplus 多处理器和 KSR-1 机就是使用环状网络实现处理机通信的。

（2）带弦环（chordal ring）网络。

拓扑结构如图 12.2(b)所示。

- d 随弦个数增加而增加。
- D 随 d 的增加而减少。

当 $d=N-1, D=1$ 时，称为全连接网络（completely connected network）。这是带弦环网络的一种极端情况。

（3）循环移数（barrel shifter）网络　对于规模为 $N=2^n$ 的环状网络，把结点距离为 $2^i (i=1,2,\cdots,n-1)$ 的两个结点都连接起来，所形成的网络就叫循环移数网络，如图 12.2(c)所示。

① 结构参数。

- $d=2(n-1)+1$，例如，$N=2^3, d=5$；$N=2^4, d=7$。
- $D=2$。

② 特点。

- 连接性比带弦环状网络好。
- 复杂性比全连接网络低。

3. 树状网

（1）二叉树网络（binary tree network）。

① 拓扑结构　如图 12.3(a)所示。

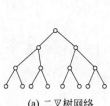 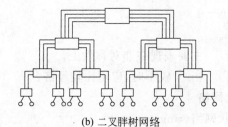

(a) 二叉树网络　　　　　　　　　　　(b) 二叉胖树网络

图 12.3　树状网络

② 结构参数。

- $N=2^k-1$（k 为二叉树层数或叫级数）。例如，图 12.3(a)所示二叉树网络的级数为 4，故其 $N=2^4-1=15$。
- $d=3$（最大值）。
- $D=2(k-1)$。

③ 特点。

- 扩展性好。
- 直径大。

④ 应用　1987 年，哥伦比亚大学研制的 DADO 多处理机，采用 10 级二叉树结构，有

1023 个结点。

(2) 二叉胖树(fat tree)网络。

① 拓扑结构　如图 12.3(b)所示。

② 特点　通道宽度从叶结点到根结点逐渐增宽,解决了传统二叉树网络的根结点瓶颈问题。

③ 应用　该网由 Leiserson 于 1987 年提出,二叉胖树结构网络应用于 CM-5 计算机。

4. 星状网络(star network)

(1) 拓扑结构　如图 12.4 所示。

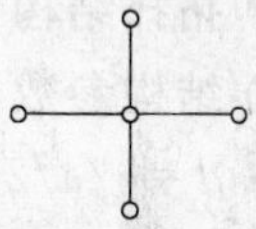

(2) 结构参数。

① $d=N-1$(最大值)。

② $D=2$(常数)。

(3) 特点　直径小,为常数 2。

(4) 应用　常用于集中控制结点的系统。

图 12.4　星状网络

5. 网格状网络

网格状网络及其变形网络有如下 4 种。

(1) 网格状网络(mesh network)。

① 拓扑结构　如图 12.5(a)所示。

(a) 网格状网络　　(b) 回绕网格状网络　　(c) 环状网格网络　　(d) 搏动阵列网络

图 12.5　网格状网络

② 结构参数。

- $N=k^n$。式中,k 为每边的结点数,n 为维数,如图 12.5(a)所示,$k=3$,$n=2$,则 $N=3^2=9$。
- $d=2n/2n-1/n$(内部/边上/角上);
- $D=n(k-1)$。

③ 特点　便于扩展。

(2) 回绕网格(mesh by allowing wraparound connection)网络。

① 拓扑结构　如图 12.5(b)所示。

② 结构参数。

- $N=k^n$ 式中,k 为每边的结点数,n 为维数。
- $d=2n=$ 常数。
- $D=n-1$。

③ 特点　直径仅为网格状网络的一半。

④ 应用　8×8 回绕网格网络应用于 ILLIAC IV 计算机。

(3) 环状网格网络(torus network)。

① 拓扑结构　如图 12.5(c)所示。

② 结构参数。

- $N=k^n$。

- $d=2n=$常数。

- $D=2\lfloor k/2\rfloor$，其中$\lfloor\ \rfloor$为向上取整运算符。

③ 特点　对称结构。

(4) 搏动阵列网络。

① 拓扑结构　如图 12.5(d)所示。

② 结构参数。

$d=6/4/2$(内部/边上/角上)。

③ 特点。

- 可使数据流在多个方向上流水工作。

- 实用性有限。

④ 应用　1978 年由 Kung 和 Leiserson 提出，1986 年应用于 Intel iwarp 系统。

6. 立方网络

(1) 3 维立方网络。

① 拓扑结构　如图 12.6(a)所示。

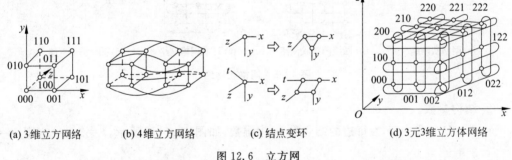

(a) 3维立方网络　　(b) 4维立方网络　　(c) 结点变环　　(d) 3元3维立方体网络

图 12.6　立方网

② 结构参数。

- $N=2^n$，其中 n 为维数，这里 $n=3$。

- $d=n=3$。

- $D=n=3$。

③ 结点(顶点)的编码(地址)　根据结点在 xyz 三维空间所处的位置，按 zyx 顺序，用二进制表示，如图 12.6(a)所标的。

④ 结点的连接　即互连函数。3 维立方网包含有 3 个($\text{lb}N$)互连函数，分别命令为 cube_0、cube_1 和 cube_2，它们分别映射 x、y 和 z 这 3 个方向上的连接，如图 12.7 所示。

从该图可以看出，3 个函数 cube_0、cube_1 和 cube_2 分别为 4 组 2 元交换置换、2 组 2 元交换置换和 1 组 2 元交换置换。3 个函数可以统写为：

$$\text{cube}_{(k)}(A_{n-1}\cdots A_k A_{k-1}\cdots A_0)=A_{n-1}\cdots\overline{A}_k A_{k-1}\cdots A_0 \tag{12.2}$$

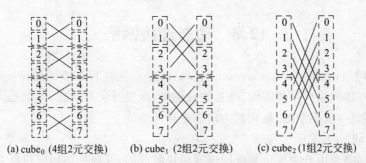

(a) cube₀ (4组2元交换)　　(b) cube₁ (2组2元交换)　　(c) cube₂(1组2元交换)

图 12.7　3 维立方网络的互连函数

即立方网络的连接映射实质上就是交换置换。

（2）4 维立方网络。

① 拓扑结构　该网由 2 个 3 维立方网络连接而成，故叫 2 元超立方网络，如图 12.6(b)所示。

② 结构参数。

- $N = 2^n = 2^4 = 16$。

- $d = n = 4$。

- $D = n = 4$。

③ 特点　扩展性差。

④ 应用　在 20 世纪 80 年代中，已在 Intel ipsc、nCUBE 等计算机中得到应用。

（3）带环立方体(cube-connected cycles)网络。

① 拓扑结构　把立方网状的一个结点变成一个环，如图 12.6(c)所示。图中，表示的是 3 维立方网络和 4 维立方网络的结点所分别变成的环状。

② 结构参数。

- $N = n \times 2^n$。

- $d = n$。

- $D = 2 \times n$。

③ 特点。

- d 固定。

- D 较大。

（4）k 元 n 维立方体网。

① 拓扑结构　该网为每维有 k 个结点的 n 维立方体，每个方向上所有 k 个结点都连接成环，3 元 3 维立方体网如图 12.6(d)所示。

② 结构参数。

- $N = k^n$。

- $d = 2 \times n$。

③ 结点的地址　用以 k 为基数的 n 位地址码来表示，即 $A = a_{n-1} a_{n-2} \cdots a_0$。例如，在图 12.6(d)中，$k = 3$，则每位地址所用数码为 0、1 和 2；$n = 3$，则用 3 位地址码来表示一个地址，三维地址码从左到右分别代表 z、y 和 x 轴。这样，图中各结点的地址就如所标出的那样。

④ 应用　麻省理工学院的 J-machine 机就是采用了 k 元 n 维立方体网络结构。它的一款 $4k$ 个结点数的计算机，就具有 16 元 3 维立方体结构，即是一个 16×16×16 的 3 维网络。

12.3 动态连接网络

动态连接网络(dynamic connection network)是指在连接结点的通路上设有开关的互连网络。这种互连网络可根据需要,通过仲裁逻辑,改变开关的状态,也就是说,在这种互连网络中,连线不是一成不变的,故称其为动态连接网络。

1. 组成模块

动态互连网络是由开关模块和级间连接模块组成的,其拓扑结构应包括 3 个参量,即开关模块的状态,网络级数和开关模块之间的连接。

(1) 开关模块(switch modules)。

① 功能 改变路径。

② 表示方法 一个具有 k 个输入端和 k 个输出端的开关模块,被称为 $k \times k$ 开关模块。

③ 开关合法状态 允许一对一,也允许一对多,但不允许多对一连接。例如 2×2 开关只允许有 4 种合法连接,如图 12.8 所示。

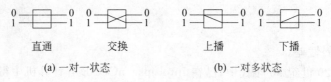

直通　　　交换　　　　上播　　　下播

(a) 一对一状态　　　　　　(b) 一对多状态

图 12.8 2×2 开关的合法状态

开关的合法状态,如表 12.1 所示。

表 12.1 开关模块及其合法状态

模 块 大 小	置换连接个数	综合连接(合法状态)个数
2×2	$2(2!)$	$4(2^2)$
4×4	$24(4!)$	$256(4^4)$
8×8	$40320(8!)$	$1677216(8^8)$
$k \times k$	$k!$	k^k

(2) 级间连接模块。

① 功能 连接开关模块。

② 连接方式 可采用第 11 章所介绍的各种置换连接方式,如均匀洗牌、蝶式和交换等。

(3) 多级互连网络。

① 模型 一个由三级 $k \times l$ 开关模块和两级级间连接模块 ISC_0 和 ISC_1 组成的多级互连网络模型,如图 12.9 所示。

② 名称 一个有 N 个源结点/目标结点的多级互连网络,称做 N 结点互连网络或 $N \times N$ 互连网络。

(4) 开关状态设置 在多级互连网络中,开关模块的状态设置由如下 3 种控制方法来设定。

① 级控方法 同一级的开关用同一信号控制,使该级的所有开关都处于同一状态。该

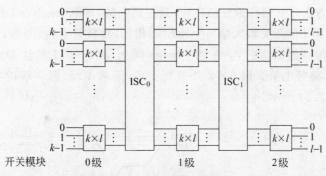

图 12.9　多级互连网络模型

方式比较适用于只有两种连接状态的开关。优点是控制简单;缺点是连接性差。

② 单元控制方式　该方式是每个开关都有独立的控制信号,各有各的连接状态。优点是连接灵活,连接性好;缺点是控制复杂。

③ 部分级控方式　这种方式是介于级控和单元控制之间的一种方式。它是有的级用级控制,有的级用单元控制,还允许有些级是几个开关共用同一个信号控制。

2. 动态互连网络实例

(1) Omega 网。

① 拓扑结构　Omega 网是用开关模块和均匀洗牌做级间连接构成的多级互连网络,其特点如下。

- 开关模块的级数　在由 $k \times k$ 开关模块组成的 N 结点 Omega 网中,开关模块按级排列,级数为 $\log_k N$ 个,从右到左,各级分别命名为 0、1、…、$\log_k N - 1$ 级。
- 开关数　每级有 N/k 个开关,整个网要用 $N/k \cdot \log_k N$ 个开关。
- 开关模块状态　允许使用所有合法状态,2×2 开关可使用其直送、交换、上播与下播这 4 种功能。
- 级间连接　用均匀洗牌连接,也有 $\log_k N$ 级。例如,由 2×2 开关组成的 $N = 8$ 的 Omega 网,如图 12.10 所示。

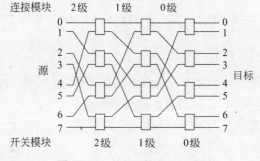

图 12.10　$N = 8$ 的 Omega 网

② 路径　数据的传输路线叫路径。

- 路径设置　就是设置路径上的开关状态,以使数据经其路线,从源结点传输到目标结点。在 Omega 网中,开关的状态采用单元控制方式设定,路径上各级开关的状态是根据目标地址(目标结点的地址)各位的值自动设置的。

- 路径设置方法　从目标地址最高位(最左边一位,即第 $\log_k N - 1$ 位)开始,若第 i 位为 0,就把第 i 位开关输入端与上输出端相连,称其为上传;否则,与下输出端相连,称其为下传。例如,在 $N=8$ 的 Omega 网上,$001 \sim 011$ 的这条路径,目标地址是 011,因此,路径上第 2 级 2×2 开关为上传,而第 1 级、第 0 级的 2×2 开关皆为下传,如图 12.11 所示。

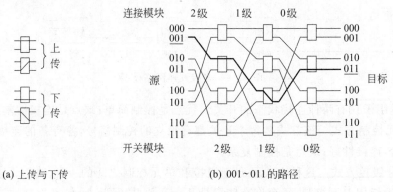

(a) 上传与下传　　　　　　　(b) $001 \sim 011$ 的路径

图 12.11　Omega 网的路径设置方法

③ 阻塞问题。

- 目标排列　在置换映射的互连网络中,目标结点与源结点是一一对应的,即一对一连接。因此,数据传输(被称为通行)后,目标结点所得到的数据,就是源结点所传送的数据的重新排列。这种重新排列称为目标排列。显然,对于结点数为 N 的互连网络来说,其置换连接的目标排列将有 $N!$ 个。例如 $N=4$ 的置换网,其目标排列的个数为 $4!=24$。

- 阻塞原因　在多级互连网络中,如果两条数据传输路径都经过同一开关的同一个输出端,那么,这两条路径同时传输数据时,就会产生阻塞。这时,这两条路径在该开关输出点发生了冲突,网络出现了阻塞问题。存在阻塞问题的互连网络,被称做是阻塞网(blocking network)。Omega 网就是一种阻塞网。例如,$N=4$ 的 Omega 网就有 8 种置换连接,即 8 种目标排列存在阻塞问题,如图 12.12 所示。

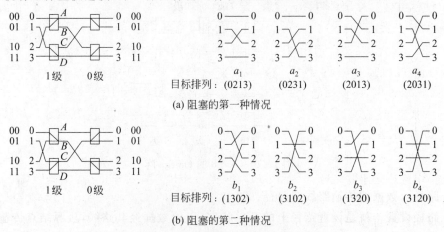

图 12.12　$N=4$ 的 Omega 网的阻塞情况

164 ·

分析图 12.12 中 8 种有阻塞问题的置换连接,可以把它们分成图 12.12(a) 和图 12.12(b) 两种情况,每种情况都是 4 种置换,每种置换都使第 1 级的 2×2 开关产生多对一设置。在图 12.12(a) 中的 4 种置换 a_1、a_2、a_3 和 a_4 中,每种置换都有两条路径在 A 点阻塞,另外两条路径在 D 点阻塞;图 12.12(b) 的 4 种置换 b_1、b_2、b_3 和 b_4,每种置换都有两条路径在 B 点阻塞,另外两条路径在 C 点阻塞。$N=4$ 的 Omega 网的 8 种置换阻塞情况的详细分析,如表 12.2 所示。

表 12.2　$N=4$ 的 Omega 网阻塞情况分析

序号	置换设置	阻塞路径	阻塞点	非冲突路径组合	
				一批	二批
1	a_1	0→0 与 2→1 3→3 与 1→2	A 点 D 点	0→0 与 3→3 0→0 与 1→2	2→1 与 1→2 2→1 与 3→3
2	a_2	0→0 与 2→1 3→2 与 1→3	A 点 D 点	0→0 与 3→3 0→0 与 1→3	2→1 与 1→3 2→1 与 3→2
3	a_3	0→1 与 2→0 3→3 与 1→2	A 点 D 点	0→1 与 3→3 0→1 与 1→2	2→0 与 1→2 2→0 与 3→3
4	a_4	0→1 与 2→0 1→3 与 3→2	A 点 D 点	0→1 与 1→3 0→1 与 3→2	2→0 与 3→2 2→0 与 1→3
5	b_1	0→2 与 2→3 1→0 与 3→1	B 点 C 点	0→2 与 1→0 0→2 与 3→1	2→3 与 3→1 2→3 与 1→0
6	b_2	0→2 与 2→3 1→0 与 3→1	B 点 C 点	0→2 与 1→0 0→2 与 3→1	2→3 与 3→1 2→3 与 1→0
7	b_3	0→3 与 2→2 1→0 与 3→1	B 点 C 点	0→2 与 1→0 0→2 与 3→1	2→2 与 3→1 2→2 与 1→0
8	b_4	0→3 与 2→2 1→1 与 3→0	B 点 C 点	0→3 与 1→1 0→3 与 3→0	2→2 与 3→0 2→2 与 1→1

④ 解决路径阻塞的方法　可采取如下 3 种解决办法。

- 硬件措施　在硬件设计上,禁止开关模块产生多对一状态。实际上,Omega 网所用 2×2 开关,只设计有直通、交换、上播和下播 4 种合法状态,不会出现多对一的状态。该方法是动态互连网络的前提,也是杜绝产生网络阻塞的根本。

- 应用规范　在应用上,不使用能产生路径阻塞的置换连接。例如,对于 $N=4$ 的 Omegna 网,不使用图 12.12 中的那 8 种置换,第 1 级的 2×2 开关就不会产生多对一状态,就没有路径阻塞问题。该方法限制了能产生阻塞的置换连接的使用,控制较简单,有较好的传输率,但却缺失了一些传输功能。

一般来说,对于 $k×k$ 开关,有 $k!$ 种置换连接。那么,t 个这样的开关,不管它们怎样连接,并连、串连还是串并结合,都会有 $(k!)^t$ 种置换连接。在这些置换连接中,每种置换连接中的所有路径都是独立的,不存在阻塞问题。这就是说,在这些置换中,所有路径同时工作,输入的全部数据可以一次性地全部通过置换连接。因此,对于使用 $k×k$ 开关模块构成的 N 结点互连网络来说,因为它所用的 $k×k$ 开关数为 $\dfrac{N}{k}\log_k N$ 个,所以,它一次性无阻塞传输所

有路径的数据的置换个数为

$$置换个数 = (k!)^{\frac{N}{k}\log_k N} \tag{12.3}$$

而 N 结点互连网络共有 $N!$ 种置换连接,于是,所有路径的数据一次性通过率就是

$$一次性通过率 = \frac{(k!)^{\frac{N}{k}\log_k N}}{N!} \tag{12.4}$$

例如,$N=8$ 的 Omega 网的一次性通过率为

$$一次性通过率 = \frac{(2!)^{\frac{8}{2}\text{lb}8}}{8!} = \frac{2^{12}}{8!} = \frac{4096}{40320} \approx 0.1016$$

$$= 10.16\%$$

- **路径分批分时使用**　为增加多级互连网络的数据传输功能,可以使用产生路径阻塞的置换连接,只是必须把发生冲突的两条路径,分到不同批次,错开时间,使用不同的开关合法状态,以使它们分时无阻塞地传输数据。例如,图 12.12 中的 a_1 这种置换设置,根据表 12.2 的分析,可以采用分批分时传输数据方案,如图 12.13 所示。这样,既增加了 a_1 的传输功能,又能无阻塞地传输数据。

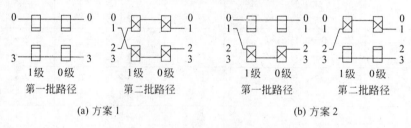

(a) 方案 1　　　　　　　　　　　　(b) 方案 2

图 12.13　数据的分批分时传送

从该图可以看到,图 12.13(a) 和图 12.13(b) 两个方案都可以实现 a_1 传输功能。在图 12.13(a) 中,先进行 0→0 与 3→3 传输,所有开关都设置成直通型;再进行 1→2 与 2→1 传输,所有开关都设置成交换型。在图 12.13(b) 中,先进行 0→0 与 1→2 传输,第一行开关设置成直通型,第二行设置成交换型;再进行 2→1 与 3→3 传输,第一行开关设置成交换型,第二行设置成直通型。

注意:虽然采用上播或下播的开关设置,也能实现上述传输,但会产生多余的广播数据,容易造成错误传送结果。另外,批次运行顺序要根据实际情况安排。

【例 12.2】　在 $N=8$ 的 Omega 网上传送如下 4 个数据,问如何分批传送数据来解决阻塞问题?

① 结点 2～结点 1。

② 结点 6～结点 3。

③ 结点 0～结点 2。

④ 结点 4～结点 0。

解　题给 4 条路径如图 12.14 所示。

从图 12.14 看出,4 条路径有 A、B、C、D 这 4 个阻塞点,即产生 4 个多对一开关状态。列表分析阻塞情况,如表 12.3 所示。

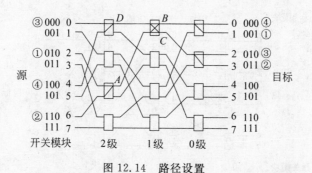

图 12.14　路径设置

表 12.3　路径表

路径序号	源结点	途经结点	目标结点	相阻路径与阻塞点	
①	2	A,B	1	②于 A	④于 B
②	6	A,C	3	①于 A	③于 C
③	0	D,C	2	④于 D	②于 C
④	4	D,B	0	③于 D	①于 B

分析结果,路径①与路径③无相阻问题,路径②与路径④无相阻问题,因此,这 4 条路径分为两批运行即可,如表 12.4 所示。

表 12.4　路径分批表

批次	A 开关	B、C 开关	D 开关
一批(①③)	直通	交换	直通
二批(②④)	交换	直通	交换

一般看来,对于 n 级互连网络,无阻塞通行路径批次不会大于 n,使用 $k \times k$ 开关的 N 结点互连,其最大批次值为:

$$\log_k N \tag{12.5}$$

⑤ 应用　该网络已应用在如下 3 种系统中。

- 1983 年,应用在纽约大学的 Ultra computer 计算机中;
- 1985 年,应用在 IBM RP3 计算机中;
- 1987 年,应用在伊利诺依大学的 Cedar 多处理机系统中。

(2) 多级立方体网络(multistage cube network)。

① 拓扑结构　$N=8$ 的多级立方体互连网络的拓扑结构,如图 12.15 所示。
该多级立方体互连网络的各拓扑参量如下。

- 开关模块　使用的是只有直通和交换两种功能的 2×2 开关;
- 开关模块的级别　共分 3 级(lb8),从左到右分别为 0 级、1 级和 2 级。每级含有 4(8/2)个开关模块,因此,该网共有开关模块 12 个。当第 i 级的所有开关都处于交换状态时,开关的输入结点与输出结点的连接正好符合互连函数 Cube_i 的映射关系。反过来看,每个开关模块的 2 个输入结点和 2 个输出结点的地址编号完全相同,这也正是按 Cube_i 的函数映射关系确定的。正因为如此,该互连网络被称为多

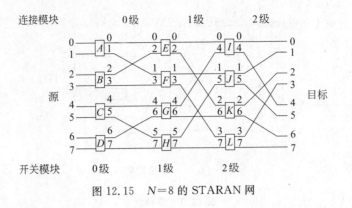

图 12.15 $N=8$ 的 STARAN 网

级立方体网络。

- 连接模块 各级开关模块之间的连接也有 3 级,分别位于相应的开关模块之后(右边)。从图 12.15 可以看出,各级的连接都是同号结点相联即可。这样就使得当第 i 级开关模块都处于交换状态,而其余级开关模块都处于直通状态时,整个多级立方网的源结点与目标结点的连接映射正好是互连函数 Cube_i 的映射关系。

② 分类 在多级立方体互连网络中,根据开关模块状态的控制方式的不同,又分成了不同的网络。其中,有采用级控和部分级控的 STARAN 网和采用单元控制的间接二进制 n 立方网络(indirect binary n-cube network)。下面,重点介绍 STARAN 网。

③ STARAN 网 因成功应用于采用相联存储器技术的所谓相联阵列处理机 STARAN 而得名。在该网中,由于开关模块只有两种状态,所以,控制开关的信号,只要 0 和 1 就可以了。设信号 0 和信号 1 分别使开关处于直通和交换状态。

STARAN 网可以采取两种开关状态控制方式,实现如下两种互连。

- 级控方式 这时,该网的目标结点与源结点可形成交换置换映射,使该网成为交换网。$N=8$ 的 STARAN 交换网络的控制信号与实现的置换映射关系,如表 12.5 所示。

表 12.5 $N=8$ 的 STARAN 交换网络的控制信号与置换映射关系

控 制 信 号			交换功能		互连结点
k_2	k_1	k_0			
0	0	0	恒等置换		(0)(1)(2)(3)(4)(5)(6)(7)
0	0	1	4 组 2 元交换	(CubO_0)	(0 1)(2 3)(4 5)(6 7)
0	1	0	2 组 2 元交换		(0 2)(1 3)(4 6)(5 7)
0	1	1	4 组 2 元交换后,再 2 组 2 元交换	$(\mathrm{CubO}_0+\mathrm{CubO}_1)$	(0 3)(1 2)(4 7)(5 6)
1	0	0	1 组 2 元交换	(CubO_2)	(0 4)(1 5)(2 6)(3 7)
1	0	1	4 组 2 元交换后,再 1 组 2 元交换	$(\mathrm{CubO}_0+\mathrm{CubO}_2)$	(0 5)(1 4)(2 7)(3 6)
1	1	0	2 组 2 元交换后,再 1 组 2 元交换	$(\mathrm{CubO}_1+\mathrm{CubO}_2)$	(0 6)(1 7)(2 4)(3 5)
1	1	1	首先 4 组 2 元交换,其次 2 组 2 元交换,最后 1 组 2 元交换	$(\mathrm{CubO}_0+\mathrm{CubO}_1+$ $\mathrm{CubO}_2)$	(0 7)(1 6)(2 5)(3 4)

表中,k_2、k_1 和 k_0 分别是 STARAN 网的第 2 级、第 1 级和第 0 级的控制信号;(0 1)表示结点 0 与结点 1 连接;(0)表示结点 0 自身连接,或者说,0 结点既是源结点,又是目标结点。

- 部分级控方式　这时,该网络的目标结点与源结点形成移数置换映射,使该网络成为移数网。$N=8$ 的 STARAN 移数网的可用控制信号及实现的置换映射关系,如表 12.6 所示。

表 12.6　$N=8$ 的 STARAN 移数网的控制信号与置换映射关系

控 制 信 号							移数功能	互 连 结 点
K L	J	I	F H	E G	A B C D			
0 0	0	1	0 1	0		移 1 mod 8	(0　1　2　3　4　5　6　7)
0 1	1	1	1 1	0		移 2 mod 8	(0　2　4　6)(1　3　5　7)
1 1	1	1	0 0	0		移 4 mod 8	(0　4)(1　5)(2　6)(3　7)
0 0	0	0	0 1	1		移 1 mod 4	(0　1　2　3)(4　5　6　7)
0 0	0	1	1 1	0		移 2 mod 4	(0　2)(1　3)(4　6)(5　7)
0 0	0	0	0 0	1		移 1 mod 2	(0　1)(2　3)(4　5)(6　7)
0 0	0	0	0 0	0		恒等置换	(0)(1)(2)(3)(4)(5)(6)(7)

表 12.6 表明,当该网络要实现移数功能时,0 级开关为级控,开关 K 和 L、F 和 H、E 和 G 是两个开关用同一控制信号,开关 J 和 I 是单元控制。所以,这时用的是部分级控。

（3）基准网（baseline network）。

① 拓扑结构　是由 2×2 开关组成的开关模块和逆均匀洗牌作级间连接模块构成的多级互连网络,其结构特点如下。

- 开关模块的级数及各级的组成　开关模块的级数为 $\text{lb}N$,各级的命名及其开关模块的组成,如表 12.7 所示。

表 12.7　基准网各级开关模块的组成

级　　别	开关模块组成
第 1 级（0 级）	由 $\dfrac{N}{2}$ 个 2×2 开关组成 $N\times N$ 的开关模块
第 2 级（1 级）	由 $\dfrac{N}{2}$ 个 2×2 开关组成 2 个 $\dfrac{N}{2}\times \dfrac{N}{2}$ 的开关模块
⋮	⋮
最后一级（$\text{lb}N-1$ 级）	由 $\dfrac{N}{2}$ 个 2×2 开关组成 $\dfrac{N}{2}$ 个 2×2 的开关模块

- 连接模块　有 $\text{lb}N+1$ 级,各级根据开关模块的输出端个数,采用逆均匀洗牌置换映射,而 0 级连接模块为恒等置换映射,如图 12.16 所示。

② 开关内部连接方式　所有 2×2 开关的两个输入和两个输出间的连接,只允许直送(恒等置换)或交换置换连接。

（4）全排列网络。

① 阻塞网　前面所介绍的 3 种多级互连网络,它们有共同的连接性质,即都能实现任一个目标结点与任一个源结点的连接,但要同时实

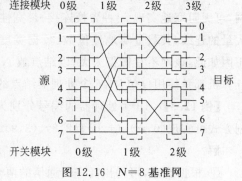

图 12.16　$N=8$ 基准网

现两对或两对以上的源结点与目标结点的连接,就可能发生路径冲突。也就是说,不是任何一种目标排列都能通过一次通行就能实现的。这样的互连网络就是阻塞网,即这 3 种网都是阻塞网。

② 阻塞网二次通行 从前面所介绍的分批分时使用路径解决 Omega 网阻塞问题的方法中,可以得到启示,对于那些不能一次通行就能实现的目标排列,可以通过二次通行来完成。互连网络的二次通行,就是两次动用互连网络的所有开关模块。这实际上相当于使用了开关模块多了一倍的互连网络。以 $N=8$ 的基准网为例,其开关总数为 $\frac{N}{2} \cdot \mathrm{lb}N = 12$,每个开关只有直送和交换两个功能,故这 n 个开关可产生 $2^{12} = 4096$ 种状态,即最多只能有 4096 个目标排列。而对于 8 结点的互连网络来说,要求 $8! = 40320$ 个目标排列。因此,该基准网在运行中,多对源结点与目标结点的连接就有可能产生路径冲突问题,发生阻塞。开关数目翻番后,达到 $12 \times 2 = 24$ 个,可产生 $2^{24} = 16777216$ 个目标排列,远远大于 40320 个排列。在这种可用路径数有足够冗余量的情况下,只要路径使用得当,就不会发生阻塞。

③ 全排列网的拓扑结构 借鉴二次通行方法,采用在网络结构上增加一倍的开关模块数目,同样可实现无阻塞传输。办法是将同一种多级互连网络的目标端与目标端连在一起,并把中间完全重复的一列开关模块去掉,即省掉中间的那一级,这样,便可以得到一个 $2\mathrm{lb}N-1$ 级开关模块的互连网络。由于该网一次通行就可实现任何一种目标排列,即可无阻塞地实现所有目标排列,故被称为全排列网,也叫 Benes 网。

这里,使用基准网来组成一个全排列网络,如图 12.17 所示。

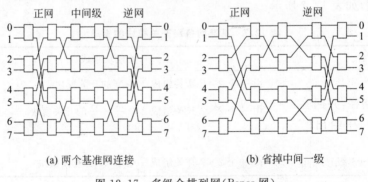

(a) 两个基准网连接   (b) 省掉中间一级

图 12.17　多级全排列网(Benes 网)

(5) 交叉开关网络(corssbar network) 它是单级网络,具有连接性好;对于 $n \times n$ 交叉网,可无阻塞地实现 $n!$ 种置换连接;带宽性能很高等优点。缺点是,每个交叉点的开关需要大量的连线,其数量与地址位数、数据宽度,以及控制信号数量有关,线路复杂,成本较高。正因如此,该网不宜做得太大,以结点数 $N \leqslant 16$ 为宜,像 BSP 计算机、C.mmp 计算机和 S-1 计算机都是使用仅包含 16 个处理器结点的交叉开关网的系统。

【例 12.3】 16 个处理器的编号分别为 0、1、2、…、F,请问采用什么样的互连网络及控制方式可实现 $(0, A)$、$(1, B)$、$(2, 8)$、$(3, 9)$、$(4, E)$、$(5, F)$、$(6, C)$ 和 $(7, D)$ 通信?

解

① 根据题意,可得出能进行通信的两个处理器的地址符合的函数关系为:

$$f(A_3 A_2 A_1 A_0) = \overline{A}_3 A_2 \overline{A}_1 A_0 \tag{12.6}$$

根据该互连函数的性质,可知交换函数为

$$\varepsilon_{(4)}(\varepsilon_{(2)} A) = \varepsilon_{(4)}(A_3 A_2 \overline{A}_1 A_0)$$
$$= \overline{A}_3 A_2 \overline{A}_1 A_0 \tag{12.7}$$

② 因为 $N=16$,所以互连网络的级数为 lb16=4 级。

每级的开关数为 16/2=8 个。

③ 已知 STARAN 网在级控方式下,可实现交换网络,且有

$$\text{cube}_3 = \overline{A}_3 A_2 A_1 A_0 \tag{12.8}$$
$$\text{cube}_1 = A_3 A_2 \overline{A}_1 A_0 \tag{12.9}$$

把式(12.8)、式(12.9)和恒等置换 I 代入式(12.7),则有

$$\text{cube}_3(I(\text{cube}_1(I)A)) = \overline{A}_3 A_2 \overline{A}_1 A_0 \tag{12.10}$$

④ 根据式(12.10)可得出答案:使用 4 级 STARANM 网,其中 0 级和 2 级采用直送,而 1 级和 3 级采用交换传送,即可实现题所要求的通信。

习　题

12.1　请回答如下问题。

(1) 一个 4×4 开关模块,包括置换连接和广播连接,共有多少个合法连接?

(2) 一个由 4×4 开关模块组成的有 64 个输入端的 Omega 网,其一次性无阻塞传送数据的置换连接有多少种?

(3) 计算(2)中给出的 Omega 网的一次通过率是多少。

12.2　请给出如下问题的答案。

(1) 画出由 2×2 开关模块组成的 16 个结点的 Omega 网。

(2) 在(1)中给出的 Omega 网中,画出从结点 1011～结点 0101 和从结点 0111～结点 1001 的两条路径,并回答它们是否存在阻塞问题。

(3) 求(1)中给出的 Omega 网的一次性无阻塞传送数据的置换占总置换连接的百分数。

(4) 该网若采用分批次无阻塞传送数据,那么,批次的最大值是多少?

12.3　请计算下列 3 种 Omega 网的一次通过所能实现的置换的百分率是多少。

(1) 用 2×2 开关构成的 64 结点 Omega 网。

(2) 用 8×8 开关构成的 64 结点 Omega 网。

(3) 用 8×8 开关构成的 512 结点 Omega 网。

12.4　请回答下列有关 k 元 n 维立方体网络的问题。

① 有多少结点?

② 网络直径是多大?

③ 等分带宽是多少?

④ 结点度是多少?

⑤ 用图论解释 k 元 n 维立方体网络与环状网络、网状网络、环状网络、2 元 n 维立方体网络和 Omega 网之间的关系。

12.5 编号分别为 0、1、…、F 的 16 个处理器之间要求按(B、1),(8,2)(7,D),(6、C),(E、4),(A、0),(9、3),(5、F)来配对通信。试选择合适的互连网络类型、控制方式,并画出该互连网络的拓扑结构和各级交换开关的状态图。

12.6 画出编号为 0、1、…、F 的 16 个处理器连成多级立方体的互连网络。当从右至左的级控信号为 0 1 0 1 时,8 号处理器与哪个处理器相连? 当 i 级($0 \leqslant i \leqslant 3$)为直通状态时,能实现哪些结点之间的通信? 若该级为交换状态时又如何呢?

12.7 画出 8 个处理器的 3 级均匀洗牌的互连网络,并在该图中标出 6 号处理器传送数据给 0~4 号,同时 3 号处理器传送数据给其余 3 个处理器时,各有关交换开关的状态。

12.8 请画出由 $N=8$ 的多级立方体网络所形成的全排列多级网络,并标出采用单元控制,实现 0→3,1→7,2→4,3→0,4→2,5→6,6→1,7→5 同时通行时各交换开关的状态。请说明为什么没有发生阻塞。

第13章　消息传递机制

消息传递机制(message-passing mechanism)是互连网络的一种重要数据传送机制,特别是在大规模并行处理系统和多计算机系统中,该机制已得到广泛应用,因此,对它进行研究,具有非常重要的实用价值。本章将介绍它的原理及消息传递的寻径方式。

13.1　消息及其格式

1. 消息及消息传递机制

(1) 消息(message)　消息是结点间通信的逻辑单位,其内容可以是数据、地址码,也可以是控制信号。

(2) 消息传递机制　消息传递机制就是以消息为逻辑单位的数据传送方法。这种方法的特点是显式地接收与发送消息。

2. 消息的格式(message formats)

消息是由任意数目的长度固定的包组成的,其格式如图13.1所示。

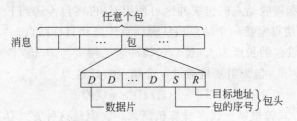

图 13.1　消息的组成及格式

由图13.1可以清楚地看到消息的组成格式。

(1) 消息　由任意数目的包组成,其长度是可变的。

(2) 包(packet)　长度固定,由长度固定的数据片组成。打头的是目标地址片和包的序号片。序号占用1~2片,与消息长度有关。序号片后面就是数据片。数据片的多少取决于包的大小。包的长度取决于寻径方式和网络的实现方法,典型长度为64~512位。此外,包与片的大小还与通道带宽、寻径器,以及网络流量有关。

在采用存储转发寻径方式的多计算机系统中,包是信息传送的最小单位;在采用虫蚀寻径网络的多计算机系统中,包可以进一步分成片。片的大小与网络规模有关,256个结点的网络,要求片长为8位。

13.2　消息寻径方式

1. 消息寻径方式

消息寻径方式(message routing schemes)分为两大类：线路交换(circuit switch)和包

交换(packet switch);包交换又包括存储转发寻径(store and forward routing)、虫蚀寻径(wormhole routing)和虚拟通道(virtual channels)这3种寻径方法。这里,介绍这4种寻径方法。

(1) 线路交换。

① 传送方式　分建立路径和传送消息两步。

- 建立路径　用长度为 l_r(位)的小信息包,逐个结点设置路径。如果传输带宽为 B(位/秒),经过 n 个结点,那么,建立路径的延迟为 $(l_r/B) \times n$(秒)。
- 传送数据　路径一旦建立完毕,即开始传送数据。如果要传送的数据长度为 l_m(位),那么,数据传送延迟为 l_m/B(秒)。

② 传输延迟　综合两步的延迟,可得线路交换方式的传输延迟 T_{cs} 为

$$T_{cs} = (l_r/B) \times n + l_m/B(秒) \tag{13.1}$$

线路交换寻径法不太适合传输小信息包的并行计算机系统。这是因为,在该系统中,需要频繁地寻径,即建立路径的开销太大。克服这种缺点的寻径方法是以下3种包交换寻径法。

(2) 存储转发寻径。

① 传送方式　有如下3个特点。

- 以包为传送单位。
- 每个结点都有一个包缓冲区,包传送到结点后就存在包缓冲区内。
- 当输出通道和接收结点的包缓冲区可使用时,再将包传送到下一个结点。

包就这样,一个结点紧接一个结点地从源结点传送到目标结点。

② 传输延迟　设包的长度为 l_p(位),包缓冲区的频宽为 B(位/秒),则通过一个结点的延迟为 l_p/B(秒)。因此,包无阻塞地通过 n 个结点的延迟为

$$T_{sf} = (l_p/B) \times n(秒) \tag{13.2}$$

存储转发寻径方式曾被第一代多计算机所采用。但是这种方式存在着如下两个问题。

- 成本高　每个结点都要集成一个包缓冲区,大大提高了硬件成本。
- 延迟大　这是由于存储缓冲区本身的频宽就难以提高,缓冲区的时延是比较大的。当路径经过的结点比较多时,该方式的时延是相当大的。

(3) 虫蚀寻径。

① 传送方式　也有3个特点。

- 传送单位为片(flits)　数据片必须跟着本包的头片,头片往哪儿传送,数据片也就往哪儿传送。在该传送方式中,包可以交替传送,但不允许片交叉。
- 结点设有寻径器　每个结点都有一个硬件寻径器,寻径器中有片缓冲区。相邻寻径器之间连有一根一位的就绪/请求(R/A)线,通过握手协议,数据片可在结点之间进行异步传输。
- 数据片流水传输　在该寻径方式中,消息是以流水线方式进行传输的,寻径器和数据片分别是流水线上的加工部件和被加工的零件。因此,可以说,这种传送方式是一种并行传输方式,也就是说,同一路径上的所有结点在同时并行传输着同一个数据包。

虫蚀寻径与存储转发寻径的区别,如图13.2所示。

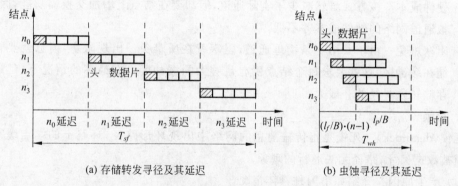

(a) 存储转发寻径及其延迟　　　　　(b) 虫蚀寻径及其延迟

图 13.2　存储转发与虫蚀寻径

② 传输延迟　设片长为 l_f(位)，包长为 l_p(位)，带宽为 B(位/秒)，通道上有 n 个结点。因为该方式的传送单位为片，所以头片从一个结点传到下一个结点的延迟为 l_f/B(秒)，传送到最后一个结点前的延迟为 $l_f/B \times (n-1)$(秒)。从头片到达最后一个结点算起，到整个包通过它，所花费的延迟为 l_p/B(秒)。因此，在该方式中，一个包通过 n 个结点的延迟为

$$T_{wh} = (l_f/B) \times (n-1) + l_p/B (秒) \tag{13.3a}$$

因为

$$l_p \gg l_f$$

所以

$$T_{wh} = l_p/B (秒) \tag{13.3b}$$

式(13.3b)表明，虫蚀寻径方式的时延，基本上与路径上结点的多少是没有关系的。

比较起来看，虫蚀寻径有如下优点。

- 结点的缓冲区小，硬件成本低。
- 由于路径上的结点并行传输同一个包，所以，包传输的延迟小。
- 传输通道共享性好。
- 便于实现选播或广播通信。

(4) 虚拟通道的寻径。

① 传送方式　虚拟通道寻径是从虫蚀寻径发展过来的。它仍像虫蚀寻径那样，以片为传送单位，结点中设有片缓冲区，用 R/A 信号表示通道状态；所不同的是，它是许多传输路径共享一条由电缆或光纤连接成的物理通道，如图 13.3 所示。因为实际上只有一条物理通道，而传输数据的路径却有许多条，所以，把这些路径称为虚拟通道。该方式的特点有如下3点。

- 以片为传送单位。
- 多条传输路径分时共享同一条物理通道。
- 通道用 R/A 信号表示状态，结点用开关交换器选择路径。

② 传输延迟　由于物理通道的延迟很小，相对于缓冲区存取的延迟，可以忽略不计，因此，该方式传送一个包的延迟仍可用式(13.3)计算。

虚拟通道寻径存在如下两个问题。

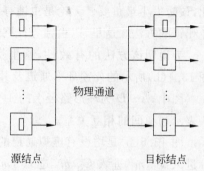

图 13.3　虚拟通道示意图

- **硬件成本** 该方式虽然减少了实际通道,但却要在结点上增加交换器功能,因此,虚拟通道网络的硬件成本并不低。

- **阻塞难免** 由于共用一条物理通道,阻塞就在所难免。出现阻塞,消息就要暂时存储在缓冲区,这就要求每个结点要有足够大的缓冲区。在最坏的情况下,延迟会与存储转发寻径的一般大。

2. 死锁

死锁(deadlock) 死锁是指传输消息的网络中出现环形路径,环路上的端点缓冲区或是通道被数据叉死,路径无法通行的现象*。

(1) 产生原因 介绍如下两种具体情况。

① 缓冲区死锁(buffer deadlock) 它是指在存储转发网络中出现的包缓冲区环形等待(circular wait),所造成的死锁现象,如图 13.4(a)所示。

该图表明,传输路径形成了环形,环路中 4 个结点的包缓冲区全都存储有数据,而存储转发寻径必须是下一个结点的包缓冲区为空时,数据才能往下传输,因此,形成环形等待,造成死锁。

② 通道死锁 这是在虫蚀寻径的网格状网络中,4 条消息同时沿 4 个通道传输所产生的通道死锁(channel deadlock),如图 13.4(b)所示。

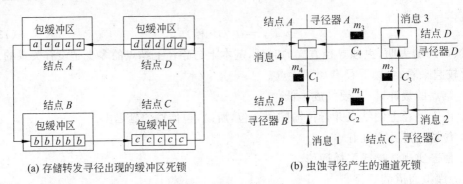

(a) 存储转发寻径出现的缓冲区死锁　　　　(b) 虫蚀寻径产生的通道死锁

图 13.4　死锁产生的原因

图中表明,4 个消息的 4 个片,即 m_1、m_2、m_3 和 m_4,同时分别占用了形成环状的 4 个通道 C_1、C_2、C_3 和 C_4,致使 4 个通道无法通行,处于环形等待状态,造成通道死锁。

(2) 如何避免死锁 死锁不会轻易发生,可是一旦发生却不容易检查出发生地点,因此,预防发生最重要。无论是虫蚀寻径网络,还是存储转发网络,增设虚拟通道是有效的避免死锁的方法。这里,以虫蚀寻径网络为例来说明。

为说明该方法的有效性,这里引进通道相关图(channel dependence graph)的概念。图 13.4(b)所示的死锁环形通道及其通道相关图,如图 13.5(a)所示。

图中,$A \sim D$ 为环形路径上的 4 个结点,$C_1 \sim C_4$ 为形成环形的 4 个通道,它们之间的箭头表示通道间的相互关系。

图 13.5(b)是增设有虚拟通道的虫蚀寻径网格。这时,因为有了虚拟通道 V_1 和 V_2,m_1 片进入 V_1,m_4 进入 C_2,m_3 进 C_1,m_2 进入 C_4。这样,就如增设虚拟通道后的通道相关图(图 13.5(b)所示,死锁的环路变成了能通行的路径。4 条消息的数据片就能从各自对应的

结点,循环地进入该路径,一片片地顺畅传输起来。

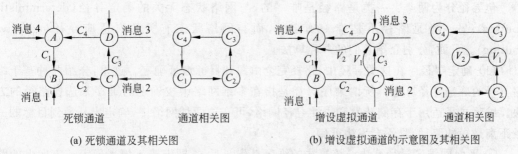

(a) 死锁通道及其相关图   (b) 增设虚拟通道的示意图及其相关图

图 13.5   通道及其相关图

13.3   消息寻径算法

这里,首先介绍包的冲突及其解决方法,进而介绍一些寻径算法。

1. 包的冲突及其解决方法

(1) 包冲突   它是指当两个包同时到达一个结点时,它们请求用同一个接收缓冲区或要用同一个输出通道,所产生的冲突。

(2) 解决方法   有如下 4 种,如图 13.6 所示。

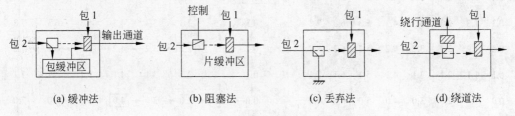

(a) 缓冲法   (b) 阻塞法   (c) 丢弃法   (d) 绕道法

图 13.6   解决包冲突的 4 种方法

① 缓冲(buffering)法   是 Kermani 和 Kleinrock 于 1979 年提出来的。它是当包 1 和包 2 在结点发生冲突时,先让包 1 过,包 2 暂存在本地存储器中划出的包缓冲器内,等包 1 通过后,再让包 2 过。这种方法的优点是,不浪费已经分配好的网络资源,无包冲突时,按虫蚀寻径方式工作。不足之处是,当发生包冲突时,将有相当大的存储延迟。

② 阻塞(blocking)法   当包 1 和包 2 发生冲突时,通过控制,先暂停包 2 的传输,让包 1 通过结点,等包 1 通过后,再让包 2 过。该方法的优点是,完全适合虫蚀寻径,成本低;不足之处是会造成一定的资源空闲。

③ 丢弃(discard)法   它是先丢掉相冲突的两个包中的一个,例如,包 2。等包 1 通过结点后,再重发包 2。BBN Butterfly 网采用此法。该法的优点是控制简单;不足之处是,资源浪费较严重。

④ 绕道(detour)法   当两个包发生冲突时,让一个包通过结点,而把另一个包送到绕行的通道上。Connection Machine 和 Denelcor HEP 采用了此法。该法优点是灵活性好;不足之处是需要更多的通道,网络成本增高。

2. 包寻径算法

包寻径分为两类:一类是路径是唯一的,与网络状态无关的确定寻径(deterministic routing);另一类是路径不是唯一确定的,而与网络状态有关的自适应寻径(adaptive routing)。下面,分别介绍它们的寻径算法。

(1) 确定寻径　在这类寻径中,路径完全由源和目标地址确定。这里,介绍两种基于维序寻径的确定寻径算法。所谓维序寻径是指在多维网络中按确定的维序来选择路径的方法。维序寻径适用于存储转发和虫蚀寻径网络,可在这两种网络中,确定出从源到目标的一条距离最短的路径,且不会发生死锁。

① 平面网维序寻径算法　该算法的维序是先 x 后 y,即先按 x 值来确定 x 方向上的路径段,再按 y 值在 y 方向上找到目标。虽然该算法仅适用于 2 维互连网络,但可推广到 n 维网络。

【例 13.1】 2 维网格网络,如图 13.7(a)所示。请在图中,按 $x \rightarrow y$ 的维序,标出 4 条(源,目标)路径。

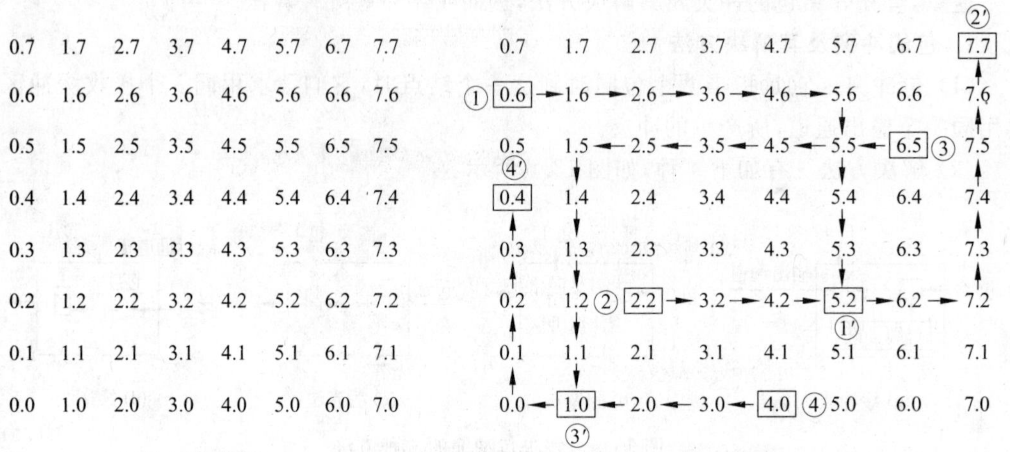

(a) 2 维网格网　　　　　　　　(b) 4 条路径

图 13.7　4 条路径的 $x \rightarrow y$ 寻径

① (0.6,5.2),② (2.2,7.7),③ (6.5,1.0),④ (4.0,0.4)。

解

4 条路径如图 13.7(b)所标。

② 立方维序寻径算法　这是在立方或超立方体网络中所使用的一种寻径算法。由 Sullivan 和 Bashkow 于 1977 年提出。具体寻径算法如下。

对于结点数 $N=2^n$ 的 n 方体网络来说,它的结点的地址码为 n 位,用 a_{n-1}、$\cdots$、a_1、a_0 来表示。设源结点的地址码为 $s_{n-1} \cdots s_1 s_0$,目标结点的地址码为 $d_{n-1} \cdots d_1 d_0$,v 为存放路径中结点地址码的变量。如果用 $i=0$、1、$\cdots$、$n-1$ 分别表示 n 维的第 1 维、第 2 维、$\cdots$,那么,路径上各个结点可按如下 4 步来求。

- 第 1 步,设 $i=0$(先求第 1 维上的路径结点),$v=s$(这时 v 的值为源结点的地址码,源结点作为路径的第 1 结点)。
- 第 2 步,计算 $r=v \forall d$。

- 第 3 步,根据第 2 步结果 $r=r_{n-1}\cdots r_1 r_0$,使用 r_i 的值,从 r_0 开始,直到 r_{n-1},依次确定路径上的结点。若 $r_i=1$,则下一个结点地址码的值为:$v=v\,\forall\,2^i$;若 $r_i=0$,则不产生新结点。每求一次一个新结点的地址码,即每使用一次 r_i,就计算一下 $i=i+1$,即按维序,路径到达下一维。
- 第 4 步,判断 i 值。当 $i=n$ 时,即使用了 r_{n-1} 后,就到达了目标,计算终止。

【例 13.2】 使用立方维序寻径算法,在 4 维超立方网络上,求出以地址码 0010 的结点为源结点,地址码 1101 的结点为目标结点的路径上各结点及其地址。

解

4 维超立方体及其各结点的地址码,如图 13.8 所示。

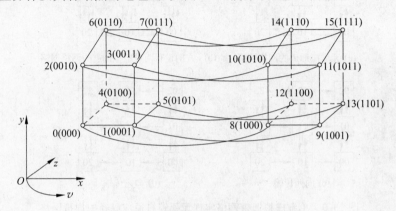

图 13.8　4 维超立方网络及其坐标系

已知:$s=0010,d=1101$,按立方维序寻径步骤,求解路径。
- 设 $i=0$(i 指向第 1 维);$v=s=0010$(v 值为第 1 结点的地址)。
- 计算 $r=v\,\forall\,d=1111$。
- 寻第 2 结点　因为 $r_0=1$,所以 $v=v\,\forall\,2^i=0010\,\forall\,2^0=0011$(第 2 结点,即第 1 维上的终结点地址)。

$i=i+1=1$(指明路径进入第 2 维)。

- 寻第 3 结点　因为 $r_1=1$,所以 $v=v\,\forall\,2^i=0011\,\forall\,2^1=0001$(第 3 结点,即第 2 维上的终结点地址)。

$i=i+1=2$(指明路径进入第 3 维)。

- 寻第 4 结点　因为 $r_2=1$,所以 $v=v\,\forall\,2^i=0001\,\forall\,2^2=0101$(第 4 结点,即第 3 维上的终结点地址)。

$i=i+1=3$(指明路径进入第 4 维)。

- 寻第 5 结点　因为 $r_3=1$,所以 $v=v\,\forall\,2^i=0101\,\forall\,2^3=1101$(第 5 结点,即第 4 维上的终结点地址,也是目标结点的地址)。

对照图 13.8,可以看出,所求路径为

$$2(0010)\xrightarrow{x\text{维}}3(0011)\xrightarrow{y\text{维}}1(0001)\xrightarrow{z\text{维}}5(0101)\xrightarrow{v\text{维}}13(1101)$$

显然,立方维序寻径算法的维序是 $x \rightarrow y \rightarrow z \rightarrow$ 扩展的维 $\rightarrow \cdots \rightarrow$ 最后扩展的维。

（2）自适应寻径　自适应寻径的目的是避免死锁,可采用虚拟通道技术来实现。这里,举两个例子。

① 一维　设有虚拟通道的网格网络,如图 13.9 所示。图 13.9(a)是没有虚拟通道的网格网络,图 13.9(b)是在 y 方向上设有两对虚拟通道的网格网络。在网格网络中,同一维的所有连接,一般都采用虚拟通道。

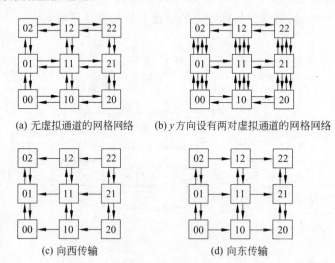

(a) 无虚拟通道的网格网络　　(b) y 方向设有两对虚拟通道的网格网络

(c) 向西传输　　　　　　　　(d) 向东传输

图 13.9　单维虚拟通道网络实现无死锁自适应寻径的虚拟网络

在该网格网络中,无死锁的向西传输信息(westbound message)的自适应寻径情况是图 13.9(c)所示的虚拟网络,而图 13.9(d)是无死锁的向东传输消息(eastbound message)的虚拟网络。

② 二维　x 和 y 两维上都设有双虚拟通道的网格网络,如图 13.10(a)所示。

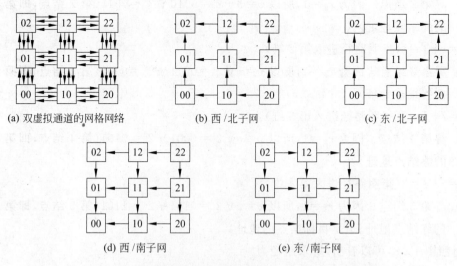

(a) 双虚拟通道的网格网络　　　　(b) 西/北子网　　　　　　　(c) 东/北子网

(d) 西/南子网　　　　　　　　(e) 东/南子网

图 13.10　双维虚拟通道网络实现无死锁自适应寻径的虚拟网络

双虚拟通道的网格网络可生成如图 13.10(b)～图 13.10(e)所示的 4 种虚拟网络,分别对应西/北、东/北、西/南和东/南 4 种自适应寻径。这 4 种寻径都是无死锁的,因为任何一种都不可能形成环路。

分析该图的 4 个虚拟子网,可以看出,如果相邻结点间的双虚拟通道共享一对物理通道,那么,图 13.10(b)和图 13.10(e)所示的两子网,或图 13.10(c)和图 13.10(d)两子网同时使用,既可以实现东/西/南/北无阻塞寻径,又不会发生通道冲突。而其他组合,如图 13.10(b)和图 13.10(c),图 13.10(b)和图 13.10(d),图 13.10(c)和图 13.10(e)或图 13.10(d)和图 13.10(e),都不能同时使用;这一方面是因为会产生通道冲突,另一方面是这些组合都缺少一个方向上的传输通道。如果相邻结点间的两对通道都是物理通道,那么,4 个虚拟子网中任何两个就可以同时使用而不会产生通道冲突。

3. 选播和广播寻径算法

(1) 网络通信模式　有如下 4 种。

① 单播(unicast)模式　它是指一对一的通信,即从一个源结点发送消息到一个目标结点。

② 选播(multicast)模式　它是指一对多的通信,即从一个源结点发送信息到多个目标结点。

③ 广播(broadcast)模式　它是指一对全体的通信,即从一个源结点发送消息到所有目标结点。

④ 会议(conference)模式　它是指多对多的通信,即多个结点对多个结点的交互通信。

(2) 寻径效率　描述寻径效率常用如下两个参数。

① 通道流量(channel traffic)　它用传输有关消息所使用的通道数来表示,显然,该参数越小,表明通信效率越高。

② 通信延迟(communication latency)　它用包的最长传输时间来表示,显然,该参数与距离成正比,也是越小越好,小表明通信效率高。

优化的寻径网络应能以最小的通道流量和最小延迟实现有关通信模式,然而,这两个参数并非同时都优,达到最小通道流量,并不一定能同时达到最小延迟,相反情况亦然。

(3) 寻径算法　这里介绍两种网的选播和广播寻径算法。

① 网格网络上的选播与广播寻径。以 4×4 网格网络为例,设源结点为 S,目标结点 5 个,分别是 D_1、D_2、…、D_5,介绍选播和广播寻径方法,并分析寻径效率。

- 采用多次单播来实现选播　寻径方法如图 13.11(a)所示。从图可以看出,通道数为 16,最大距离为 5。

- 采用复制方法的选播　寻径方法如图 13.11(b)所示。该法比较适于存储转发网络,包在传输过程中,在 a 结点复制一份,传给 D_2;在 b 结点复制一份,传给 D_3。从图可以看出,其通道数为 8,最大距离为 5。

- 分多路送达的选播　如图 13.11(c)所示。该法比较适于虫蚀寻径网络。图中表示,从源结点分两路进行选播寻径,一路是把数据片连续送往 D_1,另一路是把数据片不断地送往 D_2、D_3、D_4 和 D_5。该选播寻径的通道数为 7,最大距离为 6。

- 采用树结构的广播　如图 13.11(d)所示。从图可以看出,广播的树结构分为 5 层(结点框中的数字表示树结构的层次),寻径的最大距离为 5,通道数为 15。

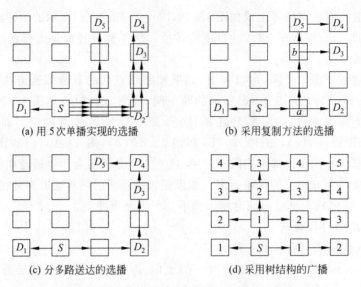

(a) 用 5 次单播实现的选播　　　　　　(b) 采用复制方法的选播

(c) 分多路送达的选播　　　　　　　(d) 采用树结构的广播

图 13.11　网格网络上的选播和广播寻径方法

② 超立方网络上的选播和广播。

- 广播寻径　以 4 维立方体网络为例,根结点 0000,实现广播的寻径,如图 13.12(a) 所示。从图可以看出,寻径的通道数为 15,最大距离为 4。

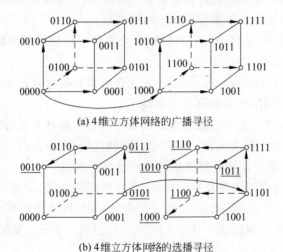

(a) 4 维立方体网络的广播寻径

(b) 4 维立方体网络的选播寻径

图 13.12　使用贪婪算法的广播和选播寻径

图 13.12(a)的广播寻径,用的是贪婪算法,其基本思想是,向可达最多剩余目标结点的维方向传送消息。贪婪寻径的最大距离为超立方体网络的维数。

- 选播寻径　使用贪婪算法的 4 维立方体网络的选播寻径,如图 13.12(b)所示。源结点的地址为 0101,目标结点有 7 个,地址分别是 1100、1000、1011、1110、1010、0111和 0010。该选播寻径形成 4 层选播树,通道数为 10,最大距离为 4。

习　题

13.1　解释下列术语。

(1) 消息、包、片;

(2) 存储转发寻径;

(3) 虫蚀寻径;

(4) 虚拟通道和物理通道;

(5) 缓冲区死锁和通道死锁;

(6) 虚拟网络和子网络;

(7) 包冲突;

(8) 单播、选播、广播和会议通信;

(9) 通道流量和通信延迟。

13.2　请确定下列网格和超立方计算机中的最优寻径路径。

(1) 用立方寻径算法,在 $N=64$ 的超立方体网络中,画出源结点 101101 到目标结点 011010 的路径。

(2) 在 8×8 网格网络上,源结点是(3,5),10 个目标结点是(1,1)、(1,2)、(1,6)、(2,1)、(4,1)、(5,5)、(5,7)、(6,1)、(7,1)和(7,5)。根据下列两个条件确定两条优化选播路径。

① 第一条其通道数最少;

② 第二条从源结点到每个目标结点的距离最短。

(3) 设有 $N=16$ 的超立方体网络,源结点为 1010,9 个目标结点为 0000、0001、0011、0100、0101、0111、1111、1101 和 1001。根据贪婪算法,确定一条较优选播路径,使其通道数较少,且从源结点到所有目标结点的距离最短。

第 14 章　多处理器系统

多处理器(multiprocessors)系统是系统中含有多个处理器的计算机系统,属于多指令流多数据流(MIMD)计算机,可以进行任务一级的并行处理。本章介绍该系统的组织结构、集成方式和 cache 一致性问题。

14.1　系统结构

多处理器计算机系统有如下两种结构。

1. 基于集中共享存储器结构的多处理器(centralized-memory multiprocessors)系统

这种结构的计算机兴起于 20 世纪 90 年代,迄今为止仍很流行。它的基本结构是,用一条总线把多个处理器和存储器连接起来,每个处理器都可以带有自己的一级或多级高速缓存,如图 14.1 所示。

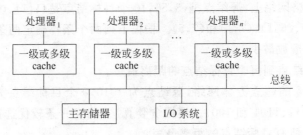

图 14.1　基于集中共享存储器结构的多处理器系统

在这种共享存储器多处理器(shared memory multiprocessors,SMM)结构中,每个处理器访问主存储器的时间是相同的,故这种计算机系统被称为均匀存储器访问(uniform memory access,UMA)系统;又因为单个主存储器对所有处理器的关系是对称的,所以又被称做对称多处理器(symmetric multiple processor,SMP)系统。该系统的优点是,结构简单,扩展性好;缺点是,处理器的数目不能很多,否则,处理器的存储器访问将得不到及时响应。

2. 基于分布式存储器结构的多处理器系统

在这种结构的计算机系统中,存储器被分布到各个结点。每个结点含有处理器、存储器、I/O 设备和互连网络的接口。各个结点通过互连网络连接在一起,如图 14.2 所示。

该系统的优点是,存储器的本地化,增大了其带宽,缩短了访问延迟;缺点是,处理器间的数据通信变得复杂,延迟较大。

这种分布式存储器系统可以做成分布式共享存储(ditributed shared memory,DSM)系统。这只要在每个结点设置一个控制器即可。控制器根据处理器要访问的数据的地址,确定数据是在本地存储器,还是在远程存储器。如果在远程存储器,就要向远程存储器所在结点的控制器发送消息来访问数据。由于这种系统的存储器访问时间取决于数据在存储器中的位置,故也称为非均匀存储器访问(nonuniform memory access,NUMA)系统。

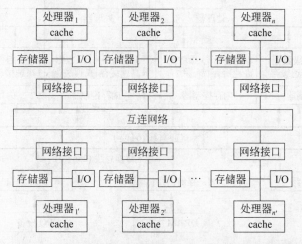

图 14.2　基于分布式存储器结构的多处理器计算机系统

14.2　集　成　方　式

目前,多处理器计算机系统主要由两种集成方式构成,即基于芯片集成的系统和基于印刷线路板集成的系统。

1. 基于芯片集成的多处理器系统

这种系统是在一个芯片上集成多个处理器,称为片上多处理器(on-chip multiprocessors,CMP)系统。由于目前的集成电路技术已达到很高水平,使得 CMP 的实现成为可能。这里介绍两种 CMP 结构。

(1) 双核 Opkeron　这是 AMD 公司面市的双处理器产品,如图 14.3 所示。

图中的系统请求接口(system request interface,SRI)和交叉开关(crossbar switch)有如下功能。

① 实现两个处理器之间的通信,对它们的任务进行仲裁。

② 与主存控制器和超传输链接总线配合,使每个处理器都能独享 I/O 带宽,避免资源冲突,实现最小的内存延迟。

(2) Hydra 结构　这是美国斯坦福大学在 1996 年提出的 CMP 架构,如图 14.4 所示。

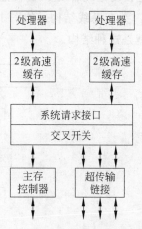

图 14.3　AMD 的双核处理器

CMP 系统的优点是器件间的连线短,数据传输的延迟和功耗都很小,故其性能好。但由于受集成电路技术的限制,生产大规模处理器系统尚有困难,因此,大规模处理器系统目前一般还得使用印刷线路来集成。

2. 基于印刷线路板的多处理器系统

这种系统是把处理器芯片,存储器芯片,以及总线及其接口芯片都集成在印刷线路板上,做成一个多芯片组件(multichip module,MCM)。该方式的优点是机动灵活,可以集成较大规模的多处理器系统。缺点是线路较长,延迟和功耗都偏大,性能不如 CMP 系统。

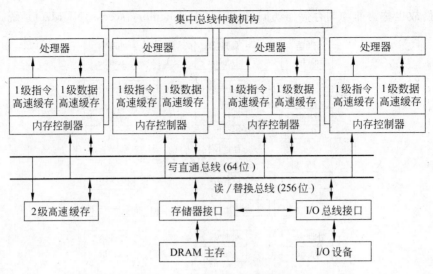

图 14.4　Hydra 多处理器架构

常见的多处理器连接方式有如下几种。

（1）**总线结构**　它是多个处理器用总线连接起来的系统。根据总线的数目，又可分为如下 4 种。

① **单总线结构**　这种结构是把处理器、存储器以及其他器件都连接到一条公共总线（common bus）上。这条总线也叫时分总线（time shared bus）。

该系统结构简单，技术成熟，在分时操作系统平台上就可工作。缺点是总线负载较重，当所连接的处理器较多时，性能严重受影响。显然，该系统只适用于处理器数目不太多的系统。

② **双总线结构**　如图 14.5 所示。美国生产的 Tandem 16 Nonstop 多处理器计算机系统就是这种结构。

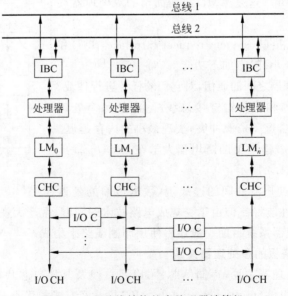

图 14.5　双总线结构的多处理器计算机

图中,IBC(inter bus controller)是总线间控制器,共有两套,分别对两条总线进行控制;各个处理器都有自己的本地存储器(local memory,LM)和通道控制器(channel controller,CHC);每一个双端口 I/O 控制器(I/O channel,I/O C)都和两个独立的 I/O 通道(I/O channel,I/O CH)相联;该系统的 I/O 采用直接存储器访问(DMA)方式。

双总线结构虽然减轻了每条总线的负载,但不能连接过多处理器,当处理器个数多于10 个,传输率就会有明显下降,因此,便出现了多总线结构的多处理器系统。

③ 多总线结构　如图 14.6 所示。日本的 EPOS(experimental polyprocessor system)多处理机系统就是采用该结构的多处理器系统的代表产品。

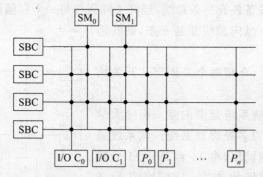

图 14.6　EPOS 多处理机系统的多总线结构示意图

该机具有 4 条总线,每条总线都由一个独立的系统总线控制器(system bus controller,SBC)所控制。该机按分布式系统原则构建,每个处理器都有自己的本地存储器,而且尽可能使用自己的本地存储器;需要时,也可以通过总线使用其他处理器的本地存储器和共享存储器(SM)。

该机提高了整个系统的负载能力,允许连接的处理器和 I/O 设备的个数为 64 个。

④ 二维总线结构　如图 14.7 所示。美国纽约州立大学 Buffalo 分校制造的MICRONET 多微处理器系统,就是采用这种结构。该机含有 4 条水平总线和 5 条垂直总线。

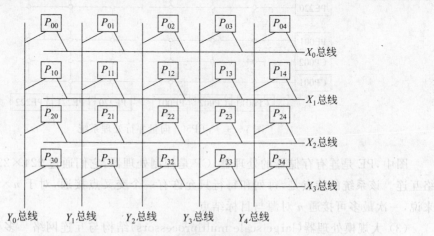

图 14.7　二维总线结构的多处理器系统

在该系统中,X 总线与 Y 总线的每一个结点处都可以连接一个微处理器;而每一个微处理器可以通过开关电路,要么与 X 总线相连,要么与 Y 总线相连;两个处理器如果位于同一条总线上可以直接通过该总线进行通信,否则,可以通过结点上的处理器进行通信;每个处理器都可带有自己所属的本地存储器,也可以连有外部设备。

该系统适用于把多道程序(作业)分成更小的任务,分配给每个处理器并行执行,显然,其可重构性和分块性较好;其不足之处是,每个结点都需设有总线控制逻辑,成本较高;此外,运行时会发生总线竞争。

(2) 交叉开关结构。

① 特点 基于交叉开关结构的多处理器系统有如下特点。

• 总线条数与所连接器件数目相等。

• 处理器和 I/O 设备各有一条总线,经开关阵列与每一个存储器模块的总线相连。

• 如果横向总线与纵向总线都是 n 条,则共需要 n^2 个开关组。

② 典型系统 这里,介绍两个采用交叉开关结构的多处理器系统。

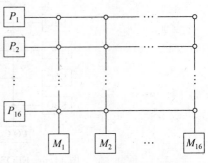

• C. mmp 系统 该系统是卡内基—梅隆大学于 1972 年研制的多处理器系统。该系统通过交叉开关互连网络,将 16 台 PDP-11 处理器与 16 个存储模块连在一起,如图 14.8 所示。

图 14.8 C. mmp 多处理器系统结构图

该系统的特点是一列只允许接通一个交叉点,而不能同时有多个交叉点接通。

• VPP500 向量并行处理系统 该系统是 Fujitru 公司于 1992 年推出的多处理器系统。在该系统中,处理器间的通信也是通过交叉开关互连网络实现的,如图 14.9 所示。

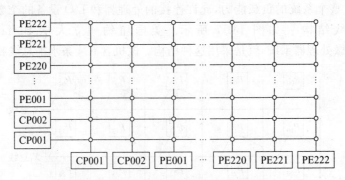

图 14.9 VPP500 向量并行处理系统

图中,PE 是连有存储器的处理器,CP 是控制处理器,它们通过 224×224 的交叉开关网络互连。该系统的特点是,每列和每行只允许有一个交叉点接通,对于 $n×n$ 交叉开关网络来说,一次最多可接通 n 对源与目标结点。

(3) 大规模处理器(large scale multiprocessors)结构与互连网络 多处理器的突出特点是采用空间并行技术,即多处理器并行工作。这也是多处理器结构计算机性能优势所在。正因为如此,大规模多处理器计算机系统,也被称为大规模并行处理器(massively parallel processors,MPP)系统。

① 多处理器系统的规模　就目前的情况来说,大规模处理器系统一般是指处理器的个数大于等于 128(或 100)个的系统。关于多处理器的规模,目前比较认可的看法,如表 14.1 所示。

表 14.1　多处理器规模的划分

规模	小规模	较小规模	中规模	较大规模	大规模
处理器个数	0～8	8～16	16～64	64～128	≥128

② 互连网络　目前,在大规模多处理器系统中,处理器之间的连接、存储模块之间的连接、处理器与存储模块之间的连接,大都是使用互连网络实现的。可以说,互连网络是大规模多处理器系统的关键部件,其性能和扩展性的好坏,直接影响着系统的性能与扩展性。因此,研制较高传输带宽且扩展性好的互连网络已成为一个重要课题,这里包括互连网络结构、开关模块的研究。此外,互连网络的成本也是一个不容忽视的问题,例如,在早期的可扩展共享存储器的多处理器系统中,有伊利诺伊大学的 Cedar 项目、IBM RP3、纽约大学的 Ultracom-puter 和 BBN Buttefly 等较小规模的多处理器系统,它们的互连网络的成本都比处理结点的高。这在某种程度上影响了多处理器系统的发展。因此,在研制高性能互连网络时,一定要考虑到其性价比的问题。

14.3　高速缓存的一致性问题

在多处理器并行系统中,各处理器都有自己的本地 cache 和共享主存。若所有 cache 和主存具有同一数据副本,每个处理器就都能在本地 cache 内找到该数据共享。这时,我们就可以说,系统具有 cache 一致性。这个说法包含二层意思:一是这些 cache 具有相同的副本;二是这些 cache 的副本都是主存的副本。这种一致性会因某些操作而遭破坏,造成 cache 的不一致。因此,便有了 cache 一致性问题(cache coherence problem)。

为了跟踪 cache 块是否共享,在所有 cache 的数据块中,除了已有的有效和脏标志位外,再增加一个共享状态标志位,用来说明各 cache 中是否有含有同一数据副本的可供各处理器共享的数据块。

下面,介绍 cache 不一致的产生原因及其解决办法。

1. cache 不一致的产生原因

如下两种操作,可造成 cache 的不一致。

(1) 处理器改写其私有 cache 中的数据副本　它会造成 cache 的不一致,如图 14.10(a)所示。

图中,(a1)表示在由两台处理器 P_1 和 P_2 所组成的多处理器系统中,它们的本地 cache C_1 和 C_2,以及两台处理器所共享的主存 M,都有一个数据 X 的副本,即系统处于 cache 一致性状态。

图中,(a2)表示 P_1 采用直接写(write-through)策略,更改了 C_1 中的副本 X,X 变成了 X',M 中的 X 也直接变成了 X';但 C_2 中的 X 未变。这就造成了 C_1 和 C_2 的不一致,同时,C_2 和 M 也不一致了。

图中,(a3)表示 P_1 采用回写(write-back)策略,更改了 C_1 的副本 X。C_1 中的 X 变成了 X',而 M 中的 X 仍为 X(因为只有 C_1 的 X' 被替换或变成无效时,M 中的 X 才能被更

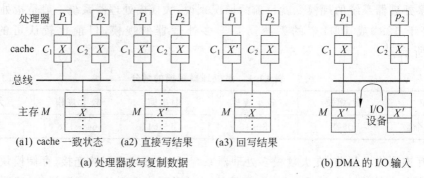

(a1) cache 一致状态	(a2) 直接写结果	(a3) 回写结果	(b) DMA 的 I/O 输入

(a) 处理器改写复制数据

图 14.10　cache 不一致的产生原因

新）。这样就造成了 C_1 和 C_2 的不一致，同时，C_1 与 M 也不一致。

（2）直接存储器访问（direct memory access，DMA）方式的输入操作　它也会造成 cache 的不一致，如图 14.10(b)所示。

图中表示多处理器系统采用 DMA 方式，把 I/O 设备的数值 X'，输入到了主存 M 的 X 所在空间，所造成的 cache 不一致。这时，C_1 和 C_2 中的数值 X 就都不再是主存 M 中 X 的副本了。

2. 监听方式协议

要维护 cache 的一致性，就要实时跟踪共享数据的状态，及时对它们进行处理。目前，广泛采用的技术有两种。这里，首先介绍监听方式协议。

监听方式是指在多处理器系统中，各处理器通过监听存储器总线，来监测共享数据的地址，以维护高速缓存一致性的方法。它有如下两种可用协议。

（1）写无效协议（write invalidate protocol）　它是在本地 cache 的数据块更新时，使所有其他 cache 副本都无效。无效的数据块被称为脏（dirty）块，表示不能再使用了。

① 写无效操作的实现　执行写操作的处理器首先要取得总线控制权；然后根据所写数据块的共享状态标志位的值，来判定是否通过总线发送无效操作，是共享，则发送一个无效操作，并把该块的共享标志位置为"0"（表示私有）。这表明，该处理器成为该块的唯一拥有者。之后，这个处理器就不会再发送该数据块的无效操作了。这是因为写无效协议规定，只在第一次对数据块中的字节进行写操作时设置一次无效。在发送无效操作后，拥有者的 cache 块会因所采用的写策略的不同而产生不同的状态。对于直接写 cache 来说，该 cache 块和主存中的相应块的副本同时被修改，而这时其他处理器的 cache 已都无共享的副本。这时该块被称为非共享状态。而对于回写 cache 来说，只有该 cache 中的副本被修改，这个被修改的值为该 cache 块拥有者独有。这时，该块被称为独占状态。

处理器在执行写操作时，如果共享标志位判定结果为私有，说明其他 cache 中没有该数据的副本。这时，如果 cache 是回写式的，就不需要通过总线进行写操作了。可见，回写式 cache 可以提高系统性能，节省带宽。

② 读缺失（read miss）的解决　无效操作也会导致读缺失，即要访问的数据块不在 cache 中。这时，如何查找该数据项的最新值，要根据 cache 所采用的策略来进行。对于直接写 cache 来说，如果处理器在读取数据时，发现数据项无效，可以到主存中去查找；对于回写 cache 来说，因为要查找的数据项的最新值可能不在主存中，这同样需要采用监听方案来

解决。具体实现方法是,更新过该数据项的处理器同样在不停地通过总线在监视着每个地址,当它发现有处理器要读取其独占数据块中的一个数据项时,会把该块状态变为共享,并提供给有需求的 cache。回写式 cache 的这些操作虽然有些复杂,但其对存储器的带宽要求较低,所以,回写式 cache 被广泛地应用在多处理器系统中。

（2）写更新协议（write update protocol） 它也叫写广播协议（write broadcast protocol）,是把处理器更新的数据,广播给所有含有该数据副本的 cache 中。

注意：对于直接写 cache 来说,还需更新主存中的副本;而对于回写 cache 来说,主存中的副本就只有在该数据块被替换时才会更新。

该协议对带宽的要求,比起写无效协议来说要高。因此,在处理器性能不断提高以及带宽需求相应增长的趋势下,使用写更新协议的系统会越来越少。

3. 目录方式协议

目录方式是使用目录来保存每个 cache 数据块的状态、每个共享数据块副本的地址等信息,以实现高速缓存一致性的方式。

（1）目录方案 有如下两种。

① 中心目录方案 这是把为保证 cache 一致性所需要的所有信息,都集中存放在一个所谓中心目录中的方案。该方案占用空间很大,用在大型多处理器系统中,容易发生冲突且检索时间较长。因此,目前,已不常被采用。

② 分布目录方案 该方案是每个存储器模块都有一个目录,记载着本模块内每个 cache 块的状态和哪些 cache 存有该存储器模块的副本。显然,该方案非常适合于基于分布式存储器结构的多处理器系统。

在基于分布式存储器结构的多处理器系统中,目录条目按存储器分布,不同的地点访问不同的目录,解决了目录成为瓶颈的问题。采用这种分布式目录的多处理器系统,如图 14.11 所示。图中每个目录负责跟踪共享本地存储器的 cache,从而实现 cache 的一致性。目录可以像图中所示,通过公用总线来与处理器和存储器通信;也可以通过专用接口连接到存储器上;还可以作为中央结点控制器的一部分来实现,这时,所有结点间和结点内的通信就都经过这个控制器来实现。

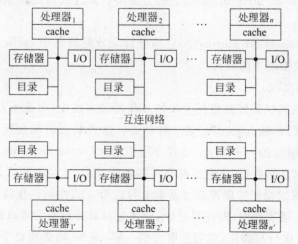

图 14.11 采用分布目录方案的多处理器系统

(2) 目录条目　包含如下内容。

① 有效位　该位用来表示该 cache 块中是否包含有效信息,即该块是否有效。有效位设置在 cache 块的标记中,标记的内容是该块在主存中的(块)编号。有效位为"1",说明标记有效,该 cache 块就有效;相反,有效位为"0",该 cache 块就无效。

② 修改位(脏位)　该位表示该 cache 块中的某数据项曾用回写策略修改过,该数据项所在的 cache 块已与主存中的相应块产生了不一致。这时,cache 中的这个块就被称做脏块,其脏位置为 1。

③ 处理器位向量　该向量用来跟踪拥有数据块副本的处理器。向量的每一位表示所对应的处理机是否拥有该块的副本。块处于私有状态时,根据位向量的值就可以确定该 cache 块的拥有者。结点数小于 64 时,一般用位向量技术。

④ 共享位　用来表示 cache 块的共享状态。

- 为"1"时　表示该 cache 块被一个或多个处理器所拥有,即这些处理器的本地 cache 中都会有同一数据项的副本。

- 为"0"时　若处理器位向量的每一位都是"0",则表示任何一个处理器都无该 cache 块的副本,即该块处于非共享状态;若处理器位向量只有 1 位为 1,说明只有所对应的处理器拥有该 cache 块的副本。这个处理器就是该 cache 块的拥有者。若该 cache 块的修改位也为 1,说明 cache 块被用回写策略修改过,与相应的主存块不一致。这时,就可以说,这个处理器是该 cache 块的独有者,该块处于被独占状态。

有了上述的跟踪机制,目录方式便可处理读缺失和对共享的未被修改过的高速缓存块的写操作,以及共享数据块的写缺失操作。把读缺失和对共享的未被修改过的高速缓存块的写操作组合起来,就能实现对共享数据块的写缺失操作。

(3) 目录类别　目录有如下 3 种类别。

① 全映射目录(full-map directories)　在全映射目录中存放着与全局存储器的每一存储块都有关的信息。这样,系统中的每个 cache 可以同时存储任何数据块的副本,即每个目录包含有 N(系统中的处理器个数)个指针,用来指向不同块副本的地址。

② 有限目录(limited directories)　它是为解决目录过大而提出来的,其每个目录项所包含的指针数小于 N。

③ 链式目录(chained directories)　它是把目录分配到各个 cache,并通过维护目录的指针链来跟踪共享数据副本的方式。

(4) 目录方式的实现。

① 单个 cache 块的状态转换和相关操作　在目录方式中,与监听方式一样,单个 cache 也有无效、共享(只读)和独占(读/写)这 3 种状态。这些状态的相互转换是由读缺失、写缺失、无效和读取数据引发的。单个 cache 还要向主目录(home directory)发送读和写缺失消息。读和写缺失要求复制数据,直到这些事件接到应答后,才会改变状态。

② 单个 cache 块的操作实现方式　基本上与监听方式相同。在监听方式中,写缺失操作是通过在总线上广播实现的;而在目录中,是通过目录控制器发送取数据和无效操作实现的。对任何 cache 块执行写操作,也与监听方式一样,cache 块必须处于独占状态,而且必须更新主存中的副本。

③ 目录状态及其产生的请求　目录的功能还包括根据发送给它的消息,更新目录状态和发送满足请求的附加消息。目录有 3 个标准状态,即未缓存、共享(只读)和独占(读/写),它们所表示的不是单个 cache 的状态,而是一个主存块的所有 cache 副本的状况。下面,分别介绍 3 个状态所产生的请求。

a. 未缓存状态　是指目录所表示的主存块,在 cache 中没有它的副本的状况。这种情况可产生如下两种请求。

- 读缺失　这时,因为发请求的处理器的 cache 中,没有所需求的数据块,因而,该处理器从主存中取来该数据块,并放在它的 cache 中。这样,发请求的结点便成了唯一的共享结点。该数据块的状态由未缓存变成共享。

- 写缺失　这时也是因为发请求的处理器的 cache 中,没有要写入数据的数据块,因此,要把该块从主存中调到该结点的 cache 中。这样,该结点便成了共享结点。该数据块被该结点独占。该块变成了独占状态,成为唯一有效的 cache 副本,处理器位向量指明其拥有者。

b. 共享状态　数据块处于该状态下,主存中保存有数据的最新值,也会产生同样的两种请求。

- 读缺失　这时,因为发请求的处理器的 cache 中,没有所需求的数据块,故只能由主存提供给该处理器。这样,该处理器便成了该数据块的新的拥有者,其所对应的向量位被修改为"1"。该块的状态仍为共享。

- 写缺失　这时,也因为发请求的处理器的 cache 中,没有它要写入数据的数据块,只能由主存调配给它,供它实现写操作。该块经这个处理器修改后,必须向原来所有共享该块的处理器发送无效消息。这样,该处理器成为该块的唯一拥有者,其对应的向量位为"1",该块变成独占状态。

c. 独占状态　处于被独占状态的数据块保存在拥有者的 cache 中,因此,可能有 3 个目录请求。

- 读缺失　作为拥有者的处理器接到读取数据的消息后,拥有者的 cache 中该块的状态将转换为共享,拥有者发送数据给目录,在那里数据被写入主存,并被发送给请求的处理器。这样,该处理器与原有其他拥有者一样,都是该块的共享者。该块变成了共享状态。

- 数据回写　因为数据的拥有者将要更新该数据块,所以必须要执行回写操作。这就使主存得到被修改的数据副本。这时,实际上,主目录成为了该块的拥有者,该块将不被 cache 共享,也不再有拥有者。该块变成未缓存状态。

- 写缺失　因为发出请求写操作的处理器的 cache 中,没有它要写入数据的 cache 块,因此,向原拥有该块的处理器发送消息,让 cache 将该块变为无效,并把该块的值发送到目录中,再通过目录把它发送给发请求的处理器。这样,该处理器成为该块的唯一拥有者,其对应的向量位置为 1。该块仍为独占状态。

从以上所介绍的两种高速缓存一致性的实现方式来看,监听方式的优点是不需要存放目录的存储空间,能减少一定的成本。缺点是在读缺失时,要与所有的 cache 通信,还要对潜在共享数据进行写操作，这就要对带宽提出较高的需求；可扩展性是它的致命弱点。

目录方式的优点是扩展性好，适合大规模并行处理器系统。缺点是目录占有较大的存储空间。在典型的方案中，信息个数与存储器中块的个数和处理器个数的乘积成正比。这种目录的开销对于处理器数目小于 200 的多处理器系统来说还是可以容忍的；但对于更大规模的系统来说可就成为问题了。解决的办法有两条：一是减少每个条目所保存信息的数据位；二是减少需要保存信息的块数，例如，只保存高速缓存中数据块的信息，而不是所有存储器数据块的信息。

习　题

14.1　一个由 n 台处理器和 m 个共享存储器模块组成的多处理器系统，通过带有中央仲裁器底板的总线连接而成，如图 14.12 所示。

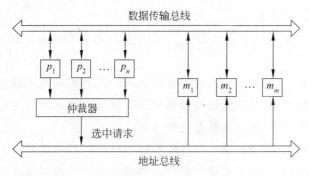

图 14.12　习题 14.1 图

假设 $m > n$，每台处理器能均匀地访问所有存储器模块，即每台处理器请求任何一个存储器模块的概率为 $1/m$。地址总线和数据传输总线在同一时间可以服务于不同的请求。地址总线传输一个请求的地址需一个周期时间。数据传输总线在存储器和处理器之间传输一个 4B 的字需一个周期时间。每个总线周期（τ），仲裁器从发请求的处理器中任意选择一个请求。一旦存储器模块在地址周期（一个总线周期）结束时被识别，马上就从存储器模块读出该字，这需要一个存储周期（等于 C 个总线周期）。另一个总线周期把该字通过数据传输总线送给发请求的处理器。

仲裁器在一个存储器周期结束之前，不会再发另一个请求给同一个存储器模块。所有被拒绝的请求将丢弃，只能在以后总线周期再重发，直到被选中为止。

① 存储器带宽定义为数据传输总线每秒平均传输的存储字个数。假设 $n = 8, m = 16$，$\tau = 100\text{ns}, C = 4$。试计算该系统的存储器带宽。

② 存储器的利用率定义为在每个存储周期内所有存储器模块平均接收到的请求个数。在条件同①的情况下，试计算存储器的利用率。

14.2　假设要用 100 个处理器获得 80 倍的加速比，那么原程序中串行部分该占多大比例？

14.3　有一个含有 32 个时钟频率为 1GHz 处理器的多处理器系统，它处理一个远程存储器的访问时间是 400ns。假设运行在它上面的一个应用程序，除了涉及通信的存储器访问外，所有访问都能命中本地存储器。如果执行远程访问时处理器会阻塞，基本 CPI 为 0.5，试计算没有远程访问时，比起有 0.2% 的指令涉及远程访问时能快多少？

14.4　在使用回写式 cache 的写无效协议中，cache 块有哪几种状态？试画出这几种状态之间的转换图。要分别画出基于 CPU 请求的和基于总线请求的两种。

14.5　在基于目录方式的 cache 一致性系统中，单个 cache 块和目录条目的 3 个状态各是什么？试分别画出它们的状态转换图。要注明激励转换的各种请求（操作）。

第 15 章 多计算机系统

多计算机系统是面向网络、复杂计算或大型数据库，由许多独立的计算机连接而成的计算机系统，也被称做机群、集群，英语名字叫 Cluster。这里，就用集群这个名字。

15.1 集群的优势

集群与多处理器系统相比，有如下优势。

（1）扩展性好　由于集群是由独立的计算机组合而成，它的每个结点就是一台完整的计算机，除了有独立的处理器，还有本地存储器，甚至含有属于自己的 I/O 设备。因此，不管是撤换，还是增加系统结点都比较容易，也不会给系统造成不好影响。这一点，要比多处理器系统优越得多。

（2）电路设计工作量小　在集群中，结点都是现成的计算机系统；只需要设计互连部分，包括互连网络及其寻径电路的设计。这点工作量相对于多处理器系统的设计量来说，就不算什么了。如果采用现成的交换机来连接结点，电路设计的工作量就几乎没有了。正因为如此，开发一个多计算机系统的工本要比生产一台多处理器系统节省得多，再加上充分采用性能优越的计算机作结点，便使得集群的性价比相对较高。

（3）可靠性较高　由于集群的内存是分离的，分属自己的处理器；每个结点的计算机又都有自己的操作系统平台，软件独立运行在自己的平台上。这样，就不存在像在多处理器系统中所出现的高速缓存的不一致问题。因此，可以说，集群系统的有效性（availability）要比多处理器系统好，可靠性较高。

（4）可使用现有系统软件和程序设计语言　这不仅可以省去开发这些软件的成本，也便于集群的推广应用。用户仍可以在所熟悉的操作平台，使用所熟悉的语言，来编写应用程序。集群所需的并行处理程序，只要在用现有语言，如 C、C++ 所编写的串行程序中，插入一些相应的通信原语即可生成。总而言之，集群可使生产公司和用户都能充分享用软件的发展成果，也使自身得到了较快的发展。

正是由于集群系统在许多方面都有一定的优势，所以现在许多计算机公司几乎都有自己的集群产品，我国也不例外。从 20 世纪 90 年代初到现在，世界上超级计算机 500 强中集群的数目不断上升，且性能和规模不断增强。

15.2 硬件系统结构

自 1975 年 Dandem 公司提出一个 16 个结点的集群后，到 20 世纪 80 年代初，便有了集群产品，如 1983 年公布的加州理工学院的 Cosmic，是由以太网连接的多计算机系统；又如，1984 年出现的 VAX 集群。20 世纪 90 年代，集群得到了普及与发展，到 21 世纪初发展到了登峰造极的地步。在集群的发展过程中，其硬件系统也在不断地发展与变化，这里，介绍其组成、结点的基本连接方法和一些典型的结构形式。

（1）集群的路数　集群的一个结点就是一台计算机，如图 15.1 所示。计算机由处理器、内存和 I/O 设备组成。结点中处理器的个数可以是一个，也可以是多个。结点中有几个处理器，该集群就被称做是几路（way）集群。目前由于 CMP 技术的成熟以及人们对集群性能的不断追求，集群正在由单路和 2 路的向更多路发展。

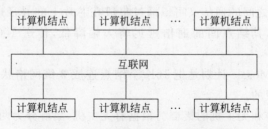

图 15.1　用互联网连接而成的集群系统

（2）结点的连接方法　从图 15.1 可以看出，一个集群系统的各结点是靠互联网连接起来的。这里的互连网可以是局域网，也可以是交换机，或各种拓扑结构的互连网络。那么，每个结点又是如何连接到互连网络上的呢？集群的各结点间的通信一般是采用消息传递机制。若采用存储转发寻径，每个结点的计算机都是通过网卡和电缆连到互连网络上的；若采用虫蚀寻径，计算机结点就可以直接连到寻径器上。有 5 对 I/O 通道的寻径器，其结构如图 15.2 所示。其中，一对 I/O 通道用来连接本地结点计算机，另外 4 对 I/O 通道分别与相邻的寻径器相联。图中，IC 为寻径器的输入控制器，FB 为寻径器的片输出缓冲区。显然，该寻径器适用于网格状互连网络。

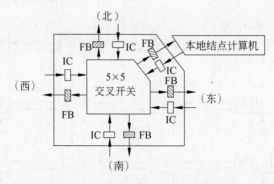

图 15.2　具有 5 对 I/O 通道的寻径器

虫蚀寻径与存储转发寻径相比，其消息传递延迟大为减少。以相邻结点传送 100B 的消息为例，虫蚀寻径延迟仅为几微秒，而存储转发的延迟则长达几千微秒；而且虫蚀寻径的远程通信延迟与其本地通信时延是一样的，即与两个结点的距离无关；但存储转发寻径则不同，其远程通信的延迟与两结点之间的链数成正比，将是相邻结点通信延迟的若干倍。可见，从性能来看，虫蚀寻径具有显著优势。

另外，若数据片的传递采用分时方式，就可以使一组虚拟通道共享一条物理通道。为此，互连网络应具有多路选择和多路分配功能。

（3）结点的集成方法　从以往的集群产品来看，结点的集成方法，主要是以下两种。

① 采用印刷线路板集成。这与传统 PC 的制作方法完全相同，有些多计算机系统其实

就是 PC 的集群。这种方法制作比较简单,可以使用现成的 PC 组装线。20 世纪 80 年代所出现的 Cosmic Cube 和 ncuBE/2 等集群,就是使用这种集成方法制作的。该方法如今仍被采用。

② 采用 VLSI(或 ULSI)技术集成　就是采用 VLSI 技术,把处理器、存储器,以及寻径通道都集成在一片芯片上的方法。由于这种方法使结点中各部件之间的通信通道变成了芯片内部的通道,且结点之间的通信又可以通过集成在芯片上的寻径通道直接进行,因此,由这种结点组成的集群,其结点间的通信延迟将大幅降低,传送 100B 消息的延迟可降到 $0.5\mu s$。

加州理工学院的 Mosaic 计划是把 16K 个结点连成 3 维网格状结构,它的每个结点就是采用 VLSI 技术集成的。

(4) 有主机的集群和无主机的集群　根据有无主机,集群分为两种结构。

① 有主机的集群　在这种集群中,有一个特殊结点,它就是主计算机结点,简称主机(master)。

主机的主要功能如下:
- 系统工作的启动与终止;
- 软件的加载与消除;
- 确认结点的加入或去除;
- 系统的运行监控及负载分配;
- 汇总运行结果并提供给用户。

有主机的集群如图 15.3 所示。

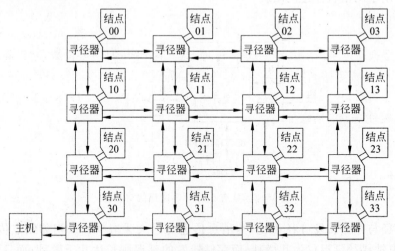

图 15.3　有主机结点的集群

图 15.3 所示的是一个由 16 个寻径器连接而成的网格状结构,所有网格通信通路和寻径器都装在一块底板上。每个结点的器件都装在一块印刷线路板上,并插在底板相应的插座上。主机及所有 I/O 设备都接在该网格网的周边。Intel Dalta 机采用的就是这种结构。

② 无主机的集群　就是没有主机的集群,典型产品有 1991 年 5 月安装在加州理工学院的 Paragon 系统。它是为解决通用稀疏矩阵、并行数据变换或通过模拟建模进行科学预测等应用问题而设计制造的。

该集群采用网格状结构,由图 15.2 所示的寻径器连接而成。其结点阵列包括计算机部分、I/O 部分和服务部分,分别负责数值计算、数据传送、系统诊断与中断管理。此外,还有负责与外部网络连接的以太网结点和高性能外部接口。

(5) 采用本地磁盘存储器的集群和采用存储区域网的集群　这是两种不同结构的集群。

① 本地磁盘存储器结构　这是每个结点计算机都有自己的磁盘存储器,即本地磁盘存储器的一种分布式磁盘存储器结构。这种结构的集群,其优点是系统集成简单方便,可采购市场上现有的性能好的计算机和交换机(switch),分别作集群的结点和互连网,省去了大量的制作工作,大大降低了系统成本。

这里,讨论一下集群的带宽与其所用互连网络的关系。集群所使用的互连网络分为两大类:一类是各结点的通信路径共享同一通信介质的网络,即共享式网络,如单总线网;另一类是各结点的通信路径可以相互独立的网络,交换式如开关网。在这两类网络中,前者的带宽就是集群的总带宽,即是所有通信结点带宽的总和;对于规模为 N 的集群来说,每个结点的带宽只是该带宽的 $1/N$。而后者与前者却大相径庭,其带宽是集群的每个通信结点的带宽,这样,集群的规模越大,其总带宽也就越大;对于规模为 N 的集群来说,其带宽就是该带宽的 N 倍。可见,后者具有明显的带宽优势。目前,市场上所销售的交换机基本上都是采用开关网络,具有很好的通信性能,非常适合用来构建集群系统。

本地存储器结构非常适合构建松散的集群系统,其磁盘存储器的总容量为各个结点磁盘存储空间的总和。该结构的缺点是磁盘存储器不能共享,不能统一管理,其磁盘故障能使整个系统瘫痪。

② 存储区域网结构　该结构就是用存储区域网(storage area network,SAN)代替本地磁盘所构建的集群系统。例如,用光纤通道仲裁环(fiber channel arbitrated loop,FC-AL)总线代替小型机系统接口(small computer system interface,SCSI)总线,把集群系统的所有磁盘连接起来,构成存储区域网,并由 FC-AL 高效能的 RAID 存储服务器统一管理。这种结构的优点是所有磁盘能统一管理,便于共享;缺点是结构复杂,每台计算机需要一个 FC-AL 适配器,硬件成本有所增加。

15.3　并行程序设计

集群是以空间并行,即多处理机并行运行来实现并行处理。集群进行并行处理,就要运行并行程序。这里,介绍集群并行处理的操作平台、并行程序设计语言、并行程序设计方法,以及集群中各计算机负载均衡的问题。

1. 集群的消息传递方式

集群可以看做是松散耦合的多处理器系统。在集群系统中,驻留在不同处理器结点上的进程是通过网络传递消息来相互通信的。消息可以是数据、指令、同步信号或中断信号等,其传递方式有如下两种。

(1) 同步方式　该方法是指发送方(一个进程)和接收方(一个或多个进程)无论在时间上,还是在空间上,两者之间的消息传递操作像打电话一样,是同步进行的。即消息传递的双方在时间上是成对出现,在空间上有传递消息的物理通道。这样的消息传递方式,就是同步方式。

该方式的优点是其通信通道中可以不用缓冲区;缺点是,因通信双方有一方没有准备好,或通信通道忙,而造成消息被阻塞。因此,该方式是一种阻塞通信。

(2) 异步方式 该方法是指通信双方在时间和空间上都不必同步的消息传递方式。该方式像用邮箱发送邮件一样,不管接收方是否准备好,而发送方都可发送消息且不会被阻塞,可实现非阻塞通信。该方式的缺点是必须在通信通道上设置容量足够大的缓冲区,否则,消息也会被阻塞。

2. 集群的操作系统

集群的操作系统可以由 UNIX 扩充进程间通信(interprocess communication,IPC)功能,以便进程间能进行消息传递而得到。

(1) 消息传递的实现方法 在基于分布存储的集群中,操作系统的功能分布于主机(或称前端机)和各结点计算机上,其消息传递功能须得到主机和各结点的支持。这样的操作系统被称为分布式操作系统。

分布操作系统的消息传递有如下 3 种实现方法。

① 面向存储对象法 该法可归纳如下 3 点。

- 消息传递实现方式 可用同步方式,也可用异步方式。
- 功能 能并发处理任意数量的任务,也支持进程间通信和进程迁移。
- 特点 每个任务都有自己的地址空间(存储对象);运行的结点数目对用户来说是透明的。

② 结点寻址法 该法也归纳如下 3 点。

- 消息传递实现方式 通常以同步方式实现。早期采用存储转发寻径,近期采用虫蚀寻径。
- 功能 可实现快速处理机间通信(interprocessor communication,IPC),而无须中断中间结点处理机。
- 特点 系统的实际拓扑结构对于用户来说,是透明的;每个结点一次只运行一个任务。

③ 通道寻径法 该法也可归纳如下 3 点。

- 消息传递实现方式 采用同步方式。
- 功能 可实现高性能的通道寻址通信。
- 特点 用户必须了解硬件通信拓扑结构;每个结点只运行一次任务。

(2) UNIX 扩充开发成果 加州理工学院采用上述结点寻径方法,开发出了 Cosmic Environment (CE)和 Reaction Kernel (RK)。它们分别支持在网络主机(network hosts)和集群结点上的消息传递的 C 程序设计环境。

① CE 系统 该系统在网络主机上运行,其构成和功能如下。

- 构成 由一组守护进程(daemon processes)、通用程序和库构成。
- 功能 主要功能是支持 UNIX 主机和结点进程之间的均匀通信。它除了作为一个集群系统的接口外;还可以作为一个独立系统,在网络连接的主机上运行消息传递C 程序;还可用来处理几个集群系统的调配,并作为它们之间的接口。

② RK 系统 该系统是集群的结点操作系统,其功能和应用如下。

- 功能 集群的每个结点都有一份 RK 副本,支持多道程序设计。

- 应用　开发当初是作为 Cosmic Cubes 的 Cosmic 内核,后经修改,移植到 System Series 2010 等系统上。

CE 和 RK 分别为 UNIX 进程和结点进程提供了消息传递功能,这样,就使得它们的集成程序设计环境,能实现主机与结点进程的均匀通信,并使之与这些进程的物理分配无关。

3. 并行程序及其编译

一般来说,实现程序运行并行化,可以有如下 4 种途径。

① 开发一种新的并行程序设计语言及其编译器。这样的语言有 Occam 和 Ada。

② 对现有串行程序设计语言进行扩展,增加其并行处理功能,即引进并行性描述机制。这种途径,需要在原编译系统中加入预编译功能。

例如,贝尔实验室的 Gehani 和 Roome 提出的 Concurrent C,就是在 C 语言中,增加了并行进程的声明、激活,以及进程间的交互说明。Concurrent C 编译系统由预编译器 CCPP、标准 C 编译器和系统库等组成。其中,CCPP 就是通过把关键字转换为系统库函数,或是程序段,将 Concurrent C 程序转换为 C 程序的。

清华大学也在 C 语言的基础上,开发出了在集群上使用的并行程序设计语言 Thread C。该语言的编译系统由线程结构分析、前端编译和代码生成这 3 部分组成。其中,前端编译是用来将宏转换为操作程序的,是该系统的预编译器。

③ 在原有串行程序设计语言基础上,集成上并行处理函数库。通过编译后链接,即可实现并行处理。

这是一种简单方便、容易实现的途径,用户只要对串行程序稍加修改,嵌入并行函数,就能使之在集群系统上并行运行。在这方面,比较成熟的软件有 PVM、MPI 和 Express。

④ 对现有串行程序设计语言进行并行化编译。这需要开发出一种新的编译系统。比较有名气的并行编译系统有 UIUC 的 Polaris,Stanford 大学的 SUIF,复旦大学的 AFT。

这 3 个编译系统的相同点都是采用过程间分析、符号相关性分析、数组私有化、归约识别等技术,将串行程序并行化。它们的不同点是 Polaris 系统对某些在编译时无法分析清楚的程序,可以在运行时分析并实现并行化;SUIF 具有良好的开放性,可以用来试验新的编译系统;AFT 具有较强的稳定性。

4. 并行程序设计方法

集群系统是分布式存储结构,各结点间的通信适合采用消息传递方式进行。这里,就介绍基于消息传递机制的两种并行程序设计方法:功能并行法和数据并行法。

① 功能并行法　这种方法是因每个处理结点执行不同的程序,实现不同的功能而得名。该法特别适用于编写事务处理方面的应用程序,其设计过程可参考如下步骤。

- 分析功能需求。
- 画出数据流图。
- 分割数据流图,画出相应的功能模块图。分割数据流图时注意应使模块内变量的联系要紧密,而模块间变量的联系要尽量少。
- 根据并行算法及数据结构,编写各模块的源程序。
- 由源程序画出粒度图。在该步骤中,要根据语句的运行时间,计算出粒度的运行时间及粒度间的通信延时。
- 分析粒度时序,把细粒度组合成较粗的粒度。

- 把能并行执行的粒度分配给不同的结点执行。结点间的通信用消息传递方式实现，给结点分配粒度时，要注意结点负载的均衡。

② 数据并行法　这种方法是把要处理的数据分为若干份，每个处理结点都加载有相同的程序，分别处理各自所分配的那份数据。该法适用于编写复杂计算或大规模计算的应用程序。使用这种方法，只要编写和调试一个串行程序，并把它加载到各个处理结点即可。该法的优点是显然的，可以充分利用现有的编程软件，采用熟悉的串行程序设计方法编程，以及所熟悉的调试程序方法调试程序。

该方法的程序设计步骤大致如下。

- 根据计算功能，编写串行程序并复制到每个结点上。
- 根据计算对象的数据结构和算法，把整个要计算的数据的定义域分解为若干子定义域。定义域的分解，既要注意各结点在处理量上的均衡，也要注意各结点在存储空间上的均衡，还得考虑尽量减少各结点间的通信延迟。
- 把分解好的各个数据子集，分别分配给不同的结点进行计算。
- 使用消息传递库函数，解决结点间的数据传送。

5. 并行程序开发环境

从上文知道，在串行程序中，嵌入一些并行处理函数，就能实现并行化程序。该办法简便可行，采用原有串行程序设计语言及其操作平台，并配以含有并行处理函数库的并行程序开发环境软件即可。这里，介绍前面提到的并行程序开发环境软件。

(1) PVM(parallel virtual machine)　它是由美国 ORNL 实验室、田纳西(Tennessee)大学、Emory 大学、卡内基—梅隆大学等单位于 1989 年开始研制的基于消息传递的并行处理工具软件。它支持异构集群系统，即可运行在由不同类别计算机作结点，通过不同网络互连的集群系统上，使之成为一个网络虚拟计算机系统。因此，该软件得名为 PVM。

① 软件组成及功能　PVM 是个很小的软件。它建立在网络 socket 之上，由控制台程序 pvm、后台驻留程序 pvmd 和函数库三部分组成。其中，pvm 是 PVM 与用户的界面，用来动态配置虚拟机以及查询在虚拟机上运行的有关 PVM 进程信息；pvmd 是一个进程，驻留在 PVM 的每台机器上，负责 PVM 系统的配置，用户任务的内部管理以及任务之间的通信等；函数库提供了进程控制、动态进程组、消息缓冲区、消息通信、任务创建等用户可使用的函数。这些函数有两套，分别用 C 和 Fortran 编写，放在两个库文件里，因此，PVM 支持用 C(C++)和 Fortran 编程。

② 如何使用　PVM 支持用户采用消息传递方式编写并行程序。用户使用 PVM，必须将一个应用程序分解成多个可以并行执行的子程序。每个子程序以任务(task)为单位，一个任务通常就是一个进程。PVM 支持虚拟机自动加载任务运行，任务间可以相互通信及同步。在 PVM 中，任务被加载到哪个结点上，对用户来说，是透明的，这就方便了用户编写并行程序。

PVM 适合于用功能和数据两种并行方式，开发粗粒度的并行程序。

(2) MPI(message passing interface)　它是 1993 年 11 月由来自美国和欧洲的 40 多个组织的 60 多位专家参加制定的并行计算机的消息传递接口标准。MPI 支持 C 和 Fortran 两种语言，即其库函数可以用 C、C++ 和 Fortran 调用。相对 PVM，MPI 语义更精确，编程更容易，对底层通信协议没有严格要求。因此，被广泛采用。

MPI 提供了 130 多个函数,其中包括 MPI 的启动和停止、缓冲区管理、任务之间的通信、进程间的通信、通信程序的管理,以及应用程序的错误处理函数等。

MPI 适合于用数据并行方式,开发并行程序。

(3) EXPRESS 由美国 Parasoft 公司于 1988 年正式推出,其前身是 Caltech 的 Crystalline 操作系统。

① 软件组成及功能。

• 消息传递库 其函数用来设计并行程序。

• 并行识别器 通过并行性分析与改写,能把输入的 Fortran 或 C 语言程序变成并行程序。

• 并行调试器 用来进行并行程序调试。

• 并行性能分析器 由执行时间分析工具 xtool、通信分析工具 ctool、事件分析工具 etool 组成,可以帮助用户分析并行程序执行情况,找出影响程序性能的原因。

Express 是一套完整的并行程序开发环境,它包括了并行软件生命周期开发方法所需要的全部开发工具,并为大多数工具提供了图形界面。

② 特点 该软件具有如下特点。

• 硬件支撑 适用于主机/结点机的硬件结构。主机应具有操作系统所支持的全部功能;而结点机只担负计算任务,其上只运行一个简单的微内核操作系统。

• 两种角色 在某些情况下,例如,在没有操作系统的计算机上,可以充当操作系统用;而在装有操作系统的计算上,它只是一个实用程序,一种开发工具。

③ 程序设计模式。

• Express 软件既支持数据并行的程序开发,也支持功能并行的程序开发。

• 适用于两种程序设计模式 一种是主机程序/结点程序模式,另一种是只编写结点程序模式(hostless)。

前一种模式,用户需要编写两个程序:一个是运行在主机上的主机程序,负责分配处理器、加载结点程序、处理 I/O 和图形功能,以及发送数据给结点和接收各结点的运算结果;另一个是运行在结点上的程序,它只负责主机程序分配给它的计算任务,并把结果返回给主机程序。这种模式编程较复杂,调试困难,可移植性差。

后一种模式,用户只编写结点程序,不编写主机程序。其主机程序是利用Express软件本身提供的一个通用主机程序 cubix。这种模式编程较容易,调试方便,可移植性也好。

6. 集群的软件方案

从以上介绍,已经知道,使用串行程序设计语言及其操作平台,再配以并行程序开发环境软件,就可以开发集群的并行程序。该方案的集群软件系统层次结构,如图 15.4 所示。

具体所用软件如下。

(1) 操作系统 UNIX、Linux、Windows NT 均可用于集群并行系统。从功能、安全性、稳定性和可靠性,诸多方面来看,UNIX 及类 UNIX 占有一定优势。例如,Solaris 操作系统,就可以作为集群系统主机及各结点的操作平台。

(2) 程序设计语言 可以使用 C、C++ 和 Fortran 77(90)程序设计语言。

应用程序	
编译器	并行程序开发环境
操作系统	

图 15.4 集群的软件系统
层次结构

（3）并行程序开发环境　可以根据集群的硬件结构,并行程序的粒度,以及所用并行程序开发方法,选用相应的并行程序开发环境软件。前面介绍的 3 个软件,可以重点考虑采用。

7. 负载均衡

（1）负载均衡及其意义。

① 什么是负载均衡　由于集群系统分同构(homogeneity)和异构(heterogeneity)两类,那么分配到集群各结点的负载是否均衡,就不能仅用各结点负载的绝对大小来衡量,而应该用结点负载的绝对大小与其处理能力的比值做比较。因此,可以把集群系统的负载均衡定义为系统各结点的负载绝对大小与其处理能力的比值基本相同的状态。

② 负载均衡的重要性　集群是个大系统,它只有做到运行时负载平衡,才能充分提高它的系统利用率,发挥它的整个系统性能。

（2）负载均衡技术　有静态与动态两种。

① 静态均衡技术　该技术是根据各个任务的计算量大小、各个结点的计算能力,以及结点之间所采用的通信方式,在编程时所进行的负载均衡技术。应该说,在该项技术中,各结点的任务分配是编程时人为确定的;程序编译后,编程时所确定的负载分配方案就不会改变了;在程序运行时就按此方案给系统各结点进行相应的任务分配,从而,实现负载均衡。

该方法程序设计工作量大,且不易达到负载平衡的最优化。因此,现在基本上不被采用。

② 动态均衡技术　该技术是在应用程序的运行过程中,运行程序通过实时分析系统各结点的有关负载信息,动态地在各结点间进行任务调配的技术。

在动态均衡过程中,需要获得各结点的负载信息,包括 CPU 性能、CPU 利用率、CPU负担的任务队列长度和进程响应时间等。其中,CPU 利用率定义为单位时间内 CPU 处理用户进程与处理核心进程的时间比。当 CPU 利用率很低时,可以认为 CPU 处于空闲状态;当 CPU 利用率接近 100％时,就用其担负的任务队列长度,来衡量负载轻重。此外,磁盘可用空间、内存,以及 I/O 设备利用率也可以作为负载指标。

动态均衡技术算法简单,程序设计工作量较小,负载均衡能实时进行,均衡效果好。缺点是通信开销大。

（3）任务的动态调度方式　在采用动态负载均衡技术时,任务需要动态调度。这里,介绍两种任务动态调动方式。

① 集中式　这是通过主机/从机(master/slave)方式实现的一种负载均衡调度方式。其典型的实现方法有如下两种。

- 任务池(pool of tasks)法　任务池实际上是一个任务队列,按粒度大小排列,大者居前,小者靠后,由主机来创建与维护。在该方法中,任务的调配权属于主机,由它向从机(结点处理机)分派任务;从机只接收任务,从机之间也无通信权力。
- 换维均衡(dimension exchange method)法　该法将结点分成若干维,主机以维为批次,逐批进行任务分配,直到任务均匀分布。

在集中式任务调度中,各结点要负责收集本地负载信息,并定时向主机结点报告。主机根据收集到的结点负载情况,进行任务调配。

集中式的优点是便于任务统一调配与管理,缺点是可能产生系统瓶颈现象。

② 分布式　在该方式中,各结点根据自身收集到本地负载信息,独立自主地进行任务调度。该方式有如下两种类型。

- 合作型　此类型是每个结点都要根据整个系统的情况进行任务调度。该法效果好,但通信开销大。
- 非合作型　此类型是每个结点的任务调度只根据其局部信息进行,因此,其均衡效果较差,但通信开销较小。

正因为合作型与非合作型的优缺点正好是互补的,所以,实际应用时采用两者的折中办法更好些。

(4) 负载动态均衡策略　这是在分布式任务动态调度中,如何实现负载均衡的方法问题。常用的方法有如下 3 种。

① 直接传递法　在这种方法中,各结点根据自身及相邻结点的信息,发送任务或申请任务,分如下两种类型。

- 发送者发起(sender initiated,SI)型　这是由重载处理机主动发起的负载均衡。它根据邻域的负载信息,将过多的负载送到邻域中的轻载处理机上。该类型较适合于系统平均负载较轻的情况。
- 接受者发起(receiver initiated,RI)型　在该类型中,轻载处理机主动发起申请,邻域中的重载处理机收到该申请后,便将适量的负载传递给它。由于轻载处理机负担了大部分的通信开销,因此,该法在系统平均负载较重的情况下,具有较好的性能。

② 全局信息方式　该法是每个结点都有一份全局信息表。在任务调配时,重载结点直接把任发送给最轻载的结点。

③ 竞争法　该法在结点发送任务时,要向各个结点发出申请,各结点根据自身的负载情况进行竞争,最终将任务发送给负载最轻的结点。

习　　题

15.1　什么是集群? 它有哪些优势?

15.2　集群中的结点计算机是如何与互连网络连接的? 试用交换机构建一个小型集群。

15.3　什么是存储区域网集群?

15.4　集群的消息传递方式有哪两种?

15.5　并行程序有哪些实现途径? 各需要什么样的编译器?

15.6　什么是负载均衡? 有哪些均衡技术?

参 考 文 献

［1］ 李文兵.计算机系统结构［M］.北京：清华大学出版社,2008.

［2］ 金兰,王鼎兴,沈美明.并行处理计算机结构［M］.北京：国防工业出版社,1982.

［3］ HWANG K. Advanced Computer Architecture（Parallelism，Scalability，Programmability）［M］. ［S.l.］：McGraw-Hill Companies,1993.

［4］ HWANG K.高等计算机系统结构［M］.王鼎兴,沈美明,郑纬民,等译.北京：清华大学出版社,1995.

［5］ 郑纬民,汤志忠.计算机系统结构［M］.第2版.北京：清华大学出版社,1998.

［6］ 李学干.计算机系统结构［M］.北京：经济科学出版社,2000.

［7］ HENNESSY J L,PATTERSON D A. Computer Architecture（A Quantitative Approach）［M］. 3rd ed.［S.l.］：Elsevier Science Pte Ltd,2003.

［8］ 李文兵.计算机组成原理［M］.第4版.北京：清华大学出版社,2010.